抗炎止敏、日日瘦身！
Vivian 的
減 醣 家 庭 料 理

Vivian 邱玟心——著

不是只有減醣喔！

蕭慧美

一道以洋車前籽粉混入麵粉製作成麵疙瘩的高纖料理，讓我在初識作者時，印象深刻且佩服她的創意與健康意識。為了吃出健康，不斷求進步的Vivian除了充實營養知識，更以營養理論為基礎，研發美味料理，此與營養師在指導病患做份量代換，有異曲同工之妙，對於追求美食與健康的大眾來說更有幫助。

作者把理論與實務應用結合，且整理得井然有序，同時還考慮到突然減醣的飲食改變過程會有適應上的困難，而安排了循序漸進的減醣設計方式。本人在教學過程常常看到很多同學雖然深研營養理論，但卻無法落實在日常餐點備製中。但是Vivian的食譜融會貫通，不但計算好醣類也分配在一日三餐中，甚至在食譜裡提供各式中、西式料理，連減醣點心都設計好了，讓大家可以在精算醣類下，也能吃得美味開心，在學習料理時還可學到許多減醣小秘訣。

由於執業營養師們常常要面對糖尿病患因為醣類控制而不能放心吃粥、吃麵條而陷入衛教的窘境，所以我很樂於推薦此書，除了給一般民眾，也推薦給營養師們來學習一些減醣高纖料理替換小秘訣。

這本書的優點是每道菜都列出食材份量，醣類、脂肪、蛋白質和膳食纖維量都經過精算，可供一般人用來製備減醣料理。但是如果本身真的有糖尿病、腎臟病與心臟病等慢性病，因為關係到飲食需配合藥物與病情，請一定要先諮詢自己的營養師後，再來挑選組合食譜中的料理！

但是，醣類有錯嗎？飲食一定要減醣嗎？因應現代人講求飲食精緻與多變化，但容易有膳食纖維不足與熱量過量的問題。一般人想從蔬果中獲得足夠的膳食纖維常常力不從心，飲食指南建議使用未精

製穀類應占一天的1/3，也就是飯量能直接換成糙米類則較容易達到纖維建議量。在文中，也提到幾個重點，將飲食中造成代謝負擔的精緻澱粉或單醣（糖）以原型食物及少加工食品取代，便可以減少精緻澱粉、增加纖維，還能兼具飽足感！所以，同樣是地瓜，如果製成加工品地瓜酥，多了糖少了幫助代謝的纖維與維生素B群，很可惜！

　　文中除了醣類，也特別提及營養素品質與量的管控一樣重要。包含選擇好的油品、食材種類多樣性、選擇多彩蔬果等概念，並提醒大家多吃些富含抗氧化植化素的植物來抗發炎。透過植物中大量類黃酮的抗氧化作用，並搭配涼拌加入好油方式，是調整健康的好方法。以我女兒為例，因為鼻子過敏且排斥中藥而無法好好調整，再加上青春期食量大，常常一餐吃兩碗飯才有飽足感。所以我在白飯裡面添加糙米、增加魚的攝取次數、每餐吃兩大碗不同的蔬菜來做飲食調整。當我看到Vivian的書裡有這麼多創意的高纖低醣料理時，更是眼睛一亮！譬如，原本我女兒愛吃的高澱粉薯泥，可以改用白色花椰菜來取代；對於富含抗氧化與抗癌之含硫化合物的洋蔥，卻因為味道過於刺激而常被拒絕，現在照著食譜，可以先做成洋蔥冰塊之後再加到湯裡面，增加湯頭甜味與抗氧化成分。再來，原本她對有保健功效的菇類總是敬謝不敏，然而我看到Vivian利用調理機製作成蘑菇濃湯後，不但看不到蘑菇蹤影，濃湯好喝又能有菇類的營養。

　　所以，不管各位要不要減醣，也許你不用去估算醣類，只要照著Vivian的食譜來備餐，參考自身身體狀況與營養飲食原則來調整，就可以吃得很健康囉！當然如果你有心了，那就跟著書中的腳步慢慢前行，你的健康目的地就在不遠處！

※本文作者為衛福部成人肥胖防治實證指引，飲食介入撰寫委員
嘉南藥理大學 保健營養系教授

瘦身30公斤的美味餐桌

　　我曾經是體重88公斤、體脂46%，有著糖尿病基因的中年主婦。抱持著一輩子都不可能瘦下來的絕望感，拖著容易感冒、氣喘、過敏的虛弱身體，加上一路上升的高血壓與高血糖，還有多囊卵巢症候群的陪伴過日子，讓我每次下廚時都覺得超級無力！在如此糟糕的情況下，偶然得知生酮減醣飲食可以減重並獲得健康而開始身體力行，結果令人驚喜！我沒有挨餓，也不需要吃任何減肥藥，就減去30公斤、體脂肪降了23%，不僅成功瘦下來，更重要的是重拾健康，還有滿滿的元氣！原本我有惱人的過敏、不定時發作的氣喘、內分泌失調問題，全都得到控制，孩子感冒發燒的情況變少了，黑眼圈消失，皮膚也不再常常發癢起紅疹，老公的血糖與血壓更加穩定，全家人都跟著受惠。

為何進行減醣與生酮飲食都無法瘦下來？

　　在瘦身過程中，我突破了很多次的停滯期，也經歷數次復胖又瘦回來的艱辛之路。有相同困擾的主婦常常詢問我：「為何低醣飲食並非減重與健康的萬靈丹？」關鍵除了減醣，還有選擇「抗炎食材」！避開會讓身體產生慢性發炎的食物與飲食習慣，減醣與抗炎同時進行，才是使我瘦身30公斤與全家獲得健康的關鍵。

從減醣抗炎開始的日常三餐

　　一年多前我將自己減醣生活的經驗寫成每道菜嚴格限醣5克以下的食譜《生酮燃脂瘦身家常菜100道》，獲得廣大讀者的支持，攻占各大暢銷書排行榜！好多朋友告訴我，他們照著此書烹調與組合餐點達成瘦身目標，精神好、體力佳。但是，要一直遠離米、麵的極端低醣人生，總是有點乏味，全家人也不一定能夠跟著實行。

我把自己如何將減醣抗炎原則應用在家庭餐桌上，幫助孩子克服糖癮、老公得到健康的減醣料理，完整呈現在第二本減醣書中。只要依照食譜，就能化繁為簡，第一次實行就上手！希望能解救想要讓全家老少在餐桌上得到健康，因此在廚房裡傷透腦筋的煮婦們。

　　生性疏懶如我，能一鍋煮，絕不分兩鍋；能用微波爐和氣炸鍋，就不想開伙；方便好上手的烹調方式是我持續減醣飲食的動力，它讓我在餓得發昏的時候，也想要摩拳擦掌地穿上圍裙，端出一桌讓孩子驚呼的減醣料理！

擁有抗炎止敏好體質，冬天不覺冷，常著短袖　　大家穿大衣，我跟孩子依然穿短袖不覺冷

高纖無澱粉羹湯與燴飯，減醣美味無限制

　　我了解主婦們想要在最經濟實惠的情況下做出美味料理的心情，所以，選擇食材的原則務求當季新鮮、低醣、抗炎為主，尤其抗炎止敏食材，是我面對停滯期的秘密武器。我在書中也分享了「澱粉主食減醣」秘訣，讓原本無飯不歡、無麵不暢快的老公和孩子，在大快朵頤的同時，無感減少75%醣分，培養易瘦體質；「無澱粉勾芡羹湯」

的技巧則讓我不用擔心喝下令人垂涎三尺的羹湯會讓血糖飆高，將它運用在濃稠滑順的「燴飯」料理上，更是讓人大滿足。這80道食譜搭配當令食材，不用在廚房裡揮汗如雨，就能信手拈來減輕下廚的負擔。少了做菜的時間和壓力，無形之中也多出了與家人一起品嘗美食的幸福時光！

邱玟媗 Vivian

Contents

主食
staple food

主菜
main course

※燴飯皆使用無澱粉勾芡

配菜

side dish

輕食

light meal

1

Vivian 的
減醣
好生活

醣與肥胖、發炎、過敏息息相關

在實行低醣餐桌後，我不止瘦了30公斤，還發現血壓、血糖、氣喘、內分泌失調、孩子的過敏問題都好了！

高醣低纖等高GI的食物很容易消化進入血液中，影響血糖急劇上升，產生血糖海嘯，需要大量胰島素（也是合成脂肪的激素）降低血糖，不僅體細胞會漸漸對於胰島素越來越不敏感，脂肪更容易增加且不易分解。增多的脂肪分泌促進發炎的激素，增加胰島素阻抗，讓血糖無法順利進入細胞內，胰臟必須分泌更多胰島素來降血糖。在這樣的循環之下，胰島素阻抗增加，脂肪也會不停增加，分泌促發炎的激素也會隨著血液到全身器官中，慢性發炎狀況越發惡化。

慢性發炎在身體不同部位產生不同問題，研究證實肥胖、過敏、氣喘、內分泌失調、多囊卵巢症候群、糖尿病、高血壓、心肌梗

蛋糕、白飯等高GI食物

胰島素阻抗

慢性發炎

肥胖
氣喘
過敏

常常吃高醣分、高GI（蛋糕、滿滿白飯）>>胰島素阻抗易增加>>肥胖細胞增加>>身體慢性發炎上升>>導致肥胖、過敏、氣喘、內分泌失調、高血糖、高血壓等。

塞、胰臟癌、失智症都與過量攝取醣分、身體慢性發炎有關。例如醣分攝取過量，導致氣管慢性發炎，會讓氣管與鼻黏膜，只要接觸一點點的過敏原，就會引發氣喘或是鼻水直流。身體長期慢性發炎不僅體質易胖、難瘦，由於體內自由基增加，也容易老化。

什麼是高GI食物？

高GI食物（GI>70）通常含有大量易消化的醣與澱粉，這些食物在進食2小時內，會快速升高血糖，引發大量胰島素分泌，也會容易餓，導致下一餐吃更多，長期下來，對身體有負面影響。低GI（GI<55）食物進食後，其中醣分慢慢燃燒，使血糖波動小，不易餓且對健康衝擊小。

高 GI 食物是指，某食物在進食 2 小時內，有快速升高血糖，形成血糖海嘯的能力。GI 值越高，代表該食物進食後，血糖會急速升高。

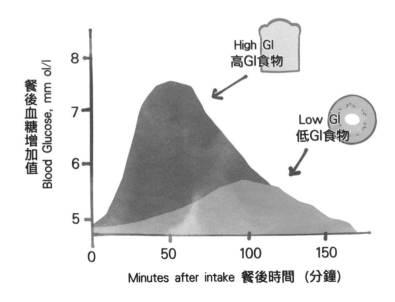

餐後血糖增加值 Blood Glucose, mm ol/l

High GI 高GI食物

Low GI 低GI食物

8

7

6

5

0   50   100   150

Minutes after intake 餐後時間（分鐘）

你需要減醣嗎？

有個朋友在忙碌的研究與教學工作之間，經常看他吃下美味大餐之後，依然神清氣爽、不會發胖，所有生化指數都正常！我如果照著吃，發胖是必然的，接著是過敏、內分泌失調，健康狀況開始亮紅燈。這是為什麼呢？

容易產生慢性發炎的人，最適合低醣飲食

有些人天生善於利用醣分，三碗飯不會胖，有些人吃了兩口飯，第二天肚子腫一圈，這代表身體不善於代謝醣分，細胞對胰島素不敏感，血糖無法進入器官細胞中成為能量，只好充實脂肪細胞。如果此時攝取過量醣分，對於體內各種生化代謝有負面影響。而胰島素阻抗會造成慢性發炎、肥胖、過敏、高血壓、高血糖、心血管疾病、內分泌失調。

哪些癥兆表示身體不善於代謝醣分？

◎ **餐前餓得慌、餐後打瞌睡**：容易肚子餓，而且是餓到慌了，找不到食物想罵人的那種慌。吃完一碗白飯、麵包或甜點後，感到昏昏沉沉地想睡。

◎ **特別容易胖在腰、腹部**：吃完一碗飯、麵、冬粉、麵包、甜食後，腸胃與腹部會有不舒服的脹氣和腫脹感，且第二天發現肚子胖一圈。因為過量血糖無法進入體細胞中，直接就近儲存在腹部脂肪裡。

◎ **吃完甜點，隔天關節有腫脹感**：前一天吃完過量澱粉與甜點後，第二天手指、腳趾關節會有脹痛感。

◎ **吃完甜食容易導致氣喘、過敏發作**：過敏、氣喘常常在喝了果汁和吃了甜食之後發作。

◎ **沒有原因地一直發胖**：食量沒有增加或是減少運動量，可是一直發胖。

◎ **身體健康指數出現紅字**：有脂肪肝、內臟脂肪多、內分泌失調、多囊卵巢症候群或代謝症候群。

以上出現其中一項，表示身體可能有胰島素阻抗，不善於代謝醣分，需要減少醣量。請試著連續三天三餐只吃肉、魚、蛋類和蔬菜，完全不吃澱粉與含糖食物，觀察一下身體的感覺。三天後再量一次腰圍，看看是否腰圍瘦了且水腫明顯改善？如果是的話，代表身體不善於代謝醣分，減少醣分攝取，有助於改善上述情形。

不只減醣，還需減少慢性發炎

我經營「Vivian的減醣好生活」臉書社群已有一段時間，常常有人問我：「為什麼我減醣不會瘦，生酮一樣胖？少吃多動，過敏發炎、便秘腹瀉、內分泌失調依舊？」

減醣不只靠醣量與熱量數字的加減運算，挑選抗炎食材、吃對營養、梳理生活也很重要。

造成身體慢性發炎的飲食和生活習慣

◎ 只吃精緻澱粉和精緻糖食物：雖然每天的總醣量減少，但是，全部都是使用白糖、白飯、白麵粉做的主食，或是蛋糕、點心。高GI食物產生的血糖海嘯衝擊，讓身體容易處於慢性發炎狀態。

　避免要點：除了減少醣量，還要選擇低GI食物。少吃精緻糖、白飯、白麵粉製品，多攝取含有膳食纖維的粗糧、蒟蒻等，可讓我們的腸胃更有飽足感，帶來好菌，並幫助控制血糖。

只吃精緻澱粉和精緻糖食物產生的血糖海嘯衝擊，讓身體容易處於慢性發炎狀態。

◎ 經常外食：很多外食都隱藏精緻糖還有不健康的油脂，讓食物看起來更可口，往往吃多了而不自覺。精製糖與不健康的油脂都是慢性發炎的推手，像是滷味、炸物等。

解決方法：帶便當，避免外食，或是慎選外食食物與使用好食材、好油的店家。

◎ 食用油炸食物：高溫油脂變質容易產生氧化自由基致癌物，而造成慢性發炎。雖然減醣，但是一直食用變質的油脂，一樣不健康。這也是為什麼外食很難瘦下來的原因。

解決方法：食用油炸食物，注意需使用可以高溫烹調不變質的初榨植物油（P），並搭配大量的生鮮蔬菜，例如鹽酥雞加上蔬菜一起吃。

◎ 攝取過多動物脂肪、人工反式脂肪：剛開始減醣因為醣分減少容易餓，需要增加一點容易飽足的好油脂代償失去的熱量來止飢。但是動物性脂肪裡面的omega6容易形成使人體慢性發炎的白三烯素與前列腺素，造成慢性發炎與過敏。經常使用人工氫化油脂，吃太多豬油、牛油是發炎元兇。

解決方法：烹調時請盡量選擇低油脂瘦肉，多多使用適溫煎炒的天然初榨植物油，或補充含omega3的魚油、亞麻油、馬齒莧菜。

◎ 加工肉品、食品吃太多：加工食品包含許多讓人看不懂的化學添加物，身體也無法辨識它，容易引起發炎警報。例如：火腿、臘肉、香腸，其中添加亞硝酸鹽，容易轉變為致癌的亞硝酸胺。

解決方法：少食用，不要天天吃。

◎ 少量多餐：只要進食，肥胖激素胰島素就會分泌，如果有胰島素阻抗，一樣會把少少葡萄糖搬進脂肪儲存，餐次多於三餐，一整天都會是儲存脂肪模式。

解決方法：Vivian一天最多吃三正餐，通常是兩餐，早餐與下午3點的午餐＋一份小點心。

◎ 誤食過敏原：即使減醣，吃到含有過敏原的食物，身體仍然容易水腫。有些人每次吃起司片總是嚴重便秘、減重停滯好久，可是一停止吃起司，這些狀況就消失了，並且體重順利下降，起司就有可能是造成便秘、水腫的過敏原。有人是對麩質過敏，一吃麵包就容易脹氣、腹瀉、水腫。

芒果及其製品

大豆及其製品

堅果及其製品

牛奶、羊奶及其製品

甲殼類及其製品

花生及其製品

蛋及其製品

芝麻、葵花籽及其製品

使用亞硫酸鹽類或二氧化硫之製品

含麵筋蛋白之穀物及其製品

鮭魚、鯖魚、鱈魚、小鱗犬牙南極魚(圓鱈)、馬舌鰈(扁鱈)及其製品

解決方法：減少食用造成過敏的食物，讓身體不發炎，就能順利減醣減重。

◎ 睡眠與壓力失調：睡眠不足與壓力過大都會造成內分泌失調。
　　解決方法：睡眠充足，壓力要調適，內分泌才不會失調。一旦身體代謝正常了，就比較容易瘦下來。

◎ 攝取過量熱量：生酮飲食因為攝取極少糖分，血糖波動不大，不容易餓，所以還未攝取到超過熱量的食物，身體就已經開始燃燒脂肪。相較之下，減醣飲食會有飢餓感，通常一不注意就會多吃了。
　　解決方法：學會目測食物份量，照著份量吃，每日攝取1200卡～1600卡熱量，最容易達成瘦身目標。

減醣飲食、生酮飲食、一般飲食，哪種適合？

醣是什麼？

　　醣＝碳水化合物（carbohydrate），與蛋白質、脂質合稱為三大產能營養素，其中包含糖（sugar）與澱粉（starch）、膳食纖維（dietary fiber）。
　　對身體的影響：
◎ 會影響血糖的是「糖與澱粉（也稱淨碳水）」。
◎ 不會影響血糖，還能抗炎的是「膳食纖維」。
　　減醣是減少攝取容易使血糖飆高的高醣量且高GI食材，也就是減少攝取糖與澱粉（淨碳水）高的食材，多食用膳食纖維高的食材，可以抗發炎、降低膽固醇！
　　請注意：淨碳水「低」的請放心攝取！淨碳水「中高」的請適量攝取！淨碳水「高」且纖維低的食材請偶爾解饞時享用。

	糖與澱粉 (淨碳水)	膳食纖維
對血糖的影響 / 醣存在哪些食材裡?	可消化,會影響血糖上升。如白米、砂糖。白米澱粉比例高達 90%。砂糖是百分百的糖。澱粉與糖多的食材經過消化後,血糖會快速上升,減醣時請避免食用。	很難消化,直接排出體外,不影響血糖上升。包含水溶性纖維與非水溶性纖維。例如:綠葉蔬菜、纖維比例高的水果、蒟蒻、洋車前籽殼、麩皮 (穀物粗糠內的種皮)都是高纖維低醣好食材,請放心食用。
蛋、魚、海鮮、肉類	☒ 無	☒ 無
蔬菜 (根莖類除外)	☑ 低	☑ 高
黃豆、黑豆類及製品	☑ 低	☑ 高
堅果與油脂	☑ 低	☑ 中
奶類 (不含乳酪)	☑ 中高	☒ 無
所有水果	☑ 中高	☑ 中高
全穀雜糧及根莖類澱粉主食及其製品 (米飯、麵粉、麵包、餅乾、甘藷、芋頭)	☑ 高	☑ 只有粗糧及根莖類澱粉膳食纖維高。白米、白麵粉精緻澱粉無纖維。
市售蛋糕、甜點	☑ 高	☑ 極低
精製糖與膏類調味品 (醬油膏、糖漿、勾芡澱粉)	☑ 高	☒ 無

減醣飲食

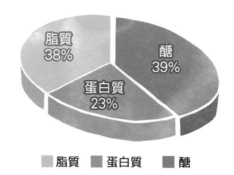

　　2016年之後，科學期刊（註1）普遍認為醣分占每日攝取總熱量40%以下，可以改變身體生化狀況的飲食方式，稱為減醣飲食。

◎ 適合對象：正常吃會胖的澱粉控、水果控，容易過敏、氣喘、內分泌失調或是三高族群，是可以保持身材、維持健康的好方法。

◎ 特點：除了精製糖，只要份量與方法對了，幾乎沒有不可吃的食材。不但可以瘦身、還能預防代謝症候群、三高、抗敏，減少身體慢性發炎。

◎ 醣類來源：除了不食用精製糖以外，其餘醣類食物都可以適量食用。

◎ 每日攝取醣量：150克以下都稱為減醣餐（包含生酮餐、防彈餐）。

◎ 主食澱粉量：每日0～1.5碗主食，都可以稱為減醣餐。

生酮飲食

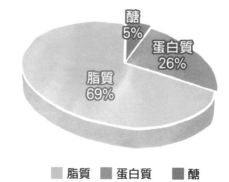

◎ 嚴格限制醣量，以促使身體燃燒脂肪產生酮體。每日攝取醣量少於50公克，並且食物GI值<35。

◎ 適合對象：減重停滯期、希望能快速瘦身燃脂的人。它也是兒童癲癇的治療方式之一，但執行前需要徵詢醫師或營養師的意見。

◎ 特點：雖然瘦身快速，但是一直不吃澱粉，不太符合人性，必須依照身體的回饋、醫師和營養師的建議，還有自身的需要進行調整。

◎ 醣類來源：大量蔬菜、少量莓果（每週一盤）。

◎ 每日攝取醣量：50公克以下，並且限制食物種類為低升糖食物，GI值35以下。

◎ 主食澱粉量：幾乎不吃主食澱粉與根莖類蔬菜，大量吃綠葉蔬菜、適當肉類，偶爾可吃一點莓果類水果。牛奶、豆漿絕少飲用。

　　生酮餐實作與食譜請參考《生酮燃脂瘦身家常菜100道》一書。

一般飲食

◎ 適合對象：適合每日吃三碗飯，仍可維持健康體重體脂、體檢沒有任何紅字、精神氣力旺盛的族群。

◎ 特點：對於不易代謝醣分的體質，容易過量攝取，造成發炎、發胖、新陳代謝、心血管問題。

◎ 醣類來源：所有含醣食物。

◎ 每日攝取醣量：200～250克。

◎ 主食澱粉量：3碗飯以上。

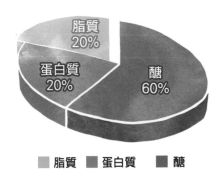

註1：Hashimoto Y，Fukuda T，Oyabu C，Tanaka M，Asano M，Yamazaki M，Fukui M（2016）。《低碳水化合物飲食對身體成分的影響：隨機對照研究的薈萃分析》。Ones Rev（評論）。17（6）：499-509。doi：10.1111 / obr.12405。PMID 27059106。

減醣抗炎飲食是讓全家身體健康、不復胖的好方法

　　減醣抗炎飲食的美好之處在於一家大小都可進行，容易飽足、可瘦身，也是有血糖、血壓困擾者的日常保健飲食。不用挨餓，以高纖低醣食材替代高GI、高醣分食材的攝取，不會造成血醣海嘯襲擊胰臟β細胞，讓它疲於奔命分泌胰島素，腎臟細胞可以休養生息，預防胰島素阻抗惡化。加上多多攝取好油與植化素抗發炎，對於減少腹部脂肪、降低三高、提高好膽固醇有很大的幫助。

如果您有下列情形，不妨跟著Vivian一起進行減醣抗炎餐！

有代謝症候群、肥胖、血糖、血壓不穩定者
代謝症候群又稱為「胰島素阻抗症候群」、「X症候群」。身體不容易代謝醣分，是心血管疾病高風險的指標。

肥胖、三高、好膽固醇低的判定標準為：
◎腹部肥胖：男性的腰圍≧90公分（35吋）、女性腰圍≧80公分（31吋）。
◎血壓偏高：收縮壓≧130mmHg或舒張壓≧85mmHg。
◎空腹血糖偏高：空腹血糖值≧100mg/dL。
◎空腹三酸甘油酯偏高：空腹三酸甘油酯值≧150mg/dL。
◎HDL-C高密度脂蛋白偏低：男性<40mg/dL、女性<50mg/dL。
以上五項組成因子，符合三項（含）以上即是高風險族群。

多囊卵巢症候群、內分泌失調者
　　患有多囊卵巢症候群的我，好不容易懷孕，生產後卻血崩了！在性命危急之時才知道，原來荷爾蒙失調對於健康影響這麼大。有好多篇論文研究結果（註2）談到多囊性卵巢與飲食方式、膳食纖維的攝取是否足夠有很大的關係，所以一定要減醣且請多吃高纖高植化素的蔬菜，並進行減重。

過敏與氣喘患者

過量的醣會增加身體慢性發炎的機率，使得過敏原更容易誘發過敏與氣喘。我在減醣過程中，不只減醣，也同時增加抗發炎食材，例如不飽和脂肪酸、omega3多的好油攝取，每天補充魚油、烹調使用初榨橄欖油、涼拌用紫蘇籽油、亞麻仁籽油，增加抗炎植化素的攝取，結果我跟孩子的過敏體質開始好轉，嚴重的氣喘與鼻子過敏都成為過去式了。

想要進行生酮瘦身又無法一開始就全戒澱粉的人

不妨先將醣分從240克降至150克、每日三碗飯改成1碗開始，不但減少生酮不適感，進可攻、退可守，說不定不需將醣分限制在50克以下的生酮狀態，就能完成瘦身大業！已經達到標準體重，想維持身材不復胖的人，也很適合減醣飲食。

倘若你覺得減醣不容易，不妨循序漸進，照著食譜，從全家康福減醣餐（P.46）開始，實行2～3週之後，如果腰圍不僅小一圈，精神充沛，就繼續維持120克，直到連續3週體重沒有下滑的跡象，請再減少至無壓力抗炎止敏減醣餐（P.45），加上運動。也許不需要將醣分減少到每日50～60克，就能維持身材與健康！

註2：Douglas等人於2006年，發表於生育與不孕期刊（Fertil steril）中，將11位過重的多囊性卵巢症候群女性分別採三種飲食，探討對於體重、胰島素、血脂情形的影響：1.富含單元不飽和脂肪酸組（55%碳水化合物、15%蛋白質及30%脂肪，單元不飽和占脂肪的17%），2.低碳水化合物組（40%碳水化合物、15%蛋白質及45%脂肪，單元不飽和占脂肪的18%），3.標準健康飲食組（55%碳水化合物、15%蛋白質及30%脂肪，單元不飽和占脂肪的13%）。另一篇針對28位過重的多囊性卵巢症候群女性，隨機分配為兩組，比較體重、胰島素阻抗、血脂情形。1.第一組：低碳水化合物且高蛋白組（40%碳水化合物、30%蛋白質及30%脂肪），2.第二組：高碳水化合物且低高蛋白組（55%碳水化合物、15%蛋白質及30%脂肪）。兩篇研究皆發現「低碳水化合物組」有顯著較低的體重。臨床內分泌期刊（Clin Endocrinol）2017年刊登一篇將57位過重的多囊性卵巢症候群女性，隨機分為：1.飲食控制組（由營養師指導飲食，每天減少600大卡），2.運動組（由物理治療師指導個人運動計畫），3.飲食控制加運動組，16週後發現飲食控制組及飲食控制加運動組的體重明顯降低，且飲食中的「膳食纖維」與體重呈負相關，即飲食中的「膳食纖維」攝取越多，體重降低越多。

看懂營養標示中的醣與糖

◎**此份產品是高醣食物嗎？**首先，先看營養標示表：依淨碳水（糖與澱粉）含量判斷。

淨碳水（糖與澱粉）＝碳水化合物－膳食纖維，淨碳水（糖與澱粉）＝13.8-5=8.8g，且其中含有1.3克的糖。

其次，看原料欄位。台灣的營養標示只規定標示糖，沒有一定要標示膳食纖維。如果沒有標示膳食纖維，排在原料最前面的，就是此食品含量最多的成分，可以從中了解裡面的碳水化合物是澱粉與糖多，還是纖維多？此份餅乾的麵粉最多，所以澱粉成分遠高於纖維，屬於高淨碳水食物。

沒有標示膳食纖維，需要看第一個原料成分，是否澱粉多。

◎**食品營養成分資料庫**

想完整了解食物的營養成分，可至衛福部的食品營養成分資料庫查詢：https://consumer.fda.gov.tw/Food/TFND.aspx?nodeID=178。

例如，查詢大麥的淨碳水：大麥的淨碳水（糖與澱粉）＝76.1（總碳水化合物）－8.9（膳食纖維）＝67.2克澱粉，因為裡面沒有檢測到任何糖，所以糖值為0。

食品營養成分資料庫

分析項 分析類	分析項 分析類	單位	每 100 克含量
一般成分	熱量	kcal	362
一般成分	修正熱量	kcal	343
一般成分	水分	g	12.3
一般成分	粗蛋白	g	8.9
一般成分	粗脂肪	g	1.6
一般成分	飽和脂肪	g	0.4
一般成分	灰分	g	1.1
一般成分	總碳水化合物	g	76.1
一般成分	膳食纖維	g	8.9
糖質分析	糖質總量	g	0.0

粗蛋白＝營養標示中的蛋白質，粗脂肪＝營養標示中的脂肪或脂質，總碳水化合物＝營養標示中的碳水化合物。

減醣小心得

◎ 主食白米、白麵條等，裡面幾乎沒有纖維，含量趨近於0。所以，淨碳水幾乎等於醣。

◎ 很多日文翻譯的減醣食譜書已把纖維扣掉，直接將淨碳水（糖與澱粉）稱為醣，跟台灣規定的營養標示中的醣含義不一樣。

減醣生活，運動輕鬆做

如果你對於追求健康與瘦身經驗豐富，對於這句話一定不陌生：「減重是7分飲食控制加上3分運動。」為什麼呢？因為根據研究，當運動時，血糖容易進入到肌肉細胞中被利用，自然不會囤積在

脂肪裡面。但是，如何讓運動可以減少血糖衝擊，增加活力，不成為壓力呢？

◎ **不要勉強：**當我體重88公斤時，運動對我而言是件苦差事，稍微走一下路就膝蓋痠痛不說，還易累易喘。每次下定決心運動，不僅累壞了，還無法持久，壓力與挫折倍增。不如先從減醣抗發炎飲食著手，培養健康有活力的體質，讓體重略降、活力漸增後，再慢慢開始。

◎ **與最喜歡的事連結，踏出第一步：**當我瘦了10公斤後，我開始喜歡慢走或是快走。逛逛超市、去市場買菜都是我很喜歡的事，一逛就是一小時。當我發現遇到停滯期，我便常常穿起運動鞋，輕鬆地去逛市場與超市。

◎ **飯後是運動最佳時機：**何時運動最好呢？吃完飯後，與家人一起走走，是我吃完澱粉或是糖分後，還能維持體重的方法。飯後血糖本來就會升高，使用運動快走，或是慢跑，間歇高強度運動，能夠協助血糖進入肌肉中，降低糖分衝擊。

◎ **慢慢增加運動強度：**當我瘦身20公斤後，開始覺得活力湧現，慢走越走越快，變成慢跑。喜歡游泳的我，也可以一次游20分鐘，覺得暢快！重點不是強迫運動，而是讓自己覺得身心舒暢地活動著！

◎ **使用免費APP鍛鍊肌力：**飲食容易減脂，若能增肌，更容易維持體重不復胖。肌肉需要鍛鍊，而我的肌肉量增加了許多，要歸功於可以自我訓練的免費APP，或是You Tube影片。在家中，只要一張瑜伽墊，花7分鐘就可進行，讓新手方便肌力訓練，更能維持下去。通常我會一週兩次做自我鍛鍊，平日盡量走路一小時，或是慢跑、游泳、做瑜伽半小時。

◎ **我使用的免費APP：**7分鐘鍛鍊。它可以記錄每日的體重，協助計算BMI值。有不同的訓練菜單，全身的，或是針對特別想鍛鍊的部位，例如希望有平坦結實的腹肌、緊致上翹的臀部曲線，都有7分鐘訓練菜單。

◎ **我的社群：**我的社群中會分享增肌減脂運動菜單，歡迎加入，跟著我動一動！（部落格：Mylowcarbs.life。IG：Mylowcarbs.life）

減醣抗炎飲食烹調原則

　　減醣生活最傷腦筋的是什麼能吃，什麼不能吃？其實所有新鮮的天然食材都可以吃，但是如果要避免發炎與疾病，請依照下面原則，將擁有低醣抗發炎的好食材放上餐桌。

◎ 減醣：二低→低醣量、低GI的食材。
◎ 抗敏抗炎：三高→高纖、高不飽和脂肪酸油脂、高抗氧化植化素的食材。

選擇低醣量及低GI慢醣食材

低醣量食材｜每份淨碳水0～4克（份量依國健署食物代換表）

蛋白質	油脂、堅果種子	葉菜、香菇、彩椒	香料與甜味劑
植物性： 大豆類——黃豆、黑豆、毛豆及其製品, 如豆腐、豆乾、豆皮、豆包。 麵筋類——麵筋、烤麩都是小麥蛋白製品, 但注意烹煮時別加太多糖！ 動物性： 魚、蛋、肉類、海鮮、起司、自製優酪乳。	植物性： 種子堅果 (胡桃、核桃、亞麻仁籽、美國杏仁、花生、葵瓜子)、冷壓初榨植物油脂、酪梨。 動物性： 魚油、自製動物油、酸奶油。	葉菜、豆芽、菇類、彩椒。 這些蔬菜含淨醣只有2.5 克, 一餐吃兩盤, 淨碳水也只有５克！ 容易飽足且醣類不過量, 維生素也多。	薑黃、肉桂、蔥薑、洋蔥等都含有抗發炎的植化素, 添加在菜餚裡面不僅增味添香, 還可以抗發炎、抗氧化。 不會升高血糖的糖醇類： 赤藻糖醇、麥芽糖醇、甜菊糖醇。

奶類：自製優格、優酪乳的乳糖已經被乳酸菌代謝轉換，醣量微乎其微。

中醣量食物食材｜每份淨醣水10～15克（份量依國健署食物代換表）

◎ 奶類、豆漿：份量為每天240cc，不僅可以補充好菌，還可增加鈣質吸收。

◎ 水果：只要減醣，各式水果皆可。份量：每日可食用半碗份量或更少。如果您是生酮飲食者，水果只限於低GI莓果類。

◎ 全穀雜糧與澱粉根莖類蔬菜：有藜麥、燕麥、大麥、五穀米、豌豆、紅豆、綠豆、花豆、鷹嘴豆、墨西哥黑豆泥、牛蒡、洋蔥、胡蘿蔔、甘薯、南瓜、山藥、芋頭、豆薯、荸薺。份量：每日最多1.5碗。

高醣量食材｜每份淨碳水15克以上（份量依國健署食物代換表）

◎ 精緻糖（白糖、砂糖、黑糖）及含有精製糖的甜點、麵包、蛋糕、含糖飲料。

◎ 精緻白米及其製品、米苔目、碗粿。

◎ 精緻白麵粉及其製品。

◎ 加工食品（甜不辣、魚板等）。

◎ 勾芡類食物。

◎ 膏類調味品。

Tips：高醣量食材是我家餐桌上很少見的食材。如果真的想吃，以下做法可以延緩血糖海嘯的陡升，避免對身體造成傷害。

◎ 餐後吃：甜點及含糖飲料避免空腹吃，隨餐取代主食與水果。

◎ 吃兩口：每次餐後最多吃兩口、喝兩口。

選擇低GI慢醣食材

低GI食材不會突然引起血糖海嘯，是瘦身、抗發炎、過敏的健康好幫手！

◎ **第一、二名，GI<40**：常常出現在我的菜籃與餐桌，請多多使用做料理。

◎第三、四名，GI<55：一週會有一、兩次出現在我的菜籃與餐桌上。

◎GI>70，並加入精製糖的麵粉甜點與化學添加物多的食品：很難在我家找到。

慢醣排行榜

◎甜味劑：這些甜味劑在生機食品店、網路商店都可購得。
第一名：赤藻糖醇。第二名：甜菊糖醇。第三名：椰子花蜜糖（又稱椰棕糖）。GI為35，可少量食用。第四名：純楓糖。為了健康，請偶一為之吧！

◎主食：全穀雜糧與根莖薯類。
第一名：麩皮類（米糠麩、燕麥麩、燕麥纖維、麥麩皮麵包、麥麩）。第二名：黑麥、裸麥、藜麥、豆薯、南瓜。第三名：扁豆、蕎麥、燕麥、五穀米、糙米、蓮藕粉。第四名：山藥、甘薯、芋頭、野米、鷹嘴豆。

◎蔬菜與大豆類。
第一名：所有非根莖類蔬菜。第二名：黃豆、黑豆、毛豆、豆腐、腐皮、豆乾、豆腐乳。第二名：洋蔥、番茄、胡蘿蔔。

◎水果。
第一名：莓果類（蔓越莓、覆盆子、草莓、藍莓、黑醋栗、檸檬）。第二名：葡萄柚、櫻桃、杏桃。第三名：蘋果、奇異果、西洋梨、水蜜桃。

◎甜點與奶類。
自製無糖乳酪蛋糕、自製無糖優格。

◎蛋、魚、海鮮、肉類：醣分幾乎為零，都是低GI食材。

◎堅果與油脂：如堅果醬、花生醬、芝麻醬，只要不額外添加糖分都是低GI食物。

◎其他食材：巧克力、椰奶、椰漿、抹茶粉、綠茶粉等，都是低GI食材。

以上GI值資料來源：《低GI飲食全書》

根莖類澱粉、白飯與麵包也能減醣降GI

只要根據以下原則，白飯、麵包、澱粉仍能享受不發胖！

◎ 原則一：**份量很重要**。多使用根莖類高纖優質的澱粉，像是南瓜、山藥、甘薯、芋頭，與白飯、白麵條、米粉一起享用。澱粉主食最多食用半碗，可用湯匙及碗量測進食份量：1湯匙到半碗，醣分6克～30克。

◎ 原則二：**進食順序**。先吃肉類與蔬菜→最後吃米飯與澱粉主食，能減緩血糖上升，不會突然飆高。

◎ 原則三：**特製低醣主食**。善用高纖低醣食材，容易飽足又無負擔！例如將白麵粉加上高纖的全麥麵粉、麥麩或是其他纖維製成麵包或點心，降低血糖衝擊，或將部分白飯以蒟蒻末、花椰菜末、豆渣、山藥、南瓜、甘薯等高纖食材或是優質澱粉代替，最適合無飯不歡又想減醣的人。

◎ 原則四：**米飯與大豆一起吃**。全穀類與黃豆、黑豆、毛豆，可以互補成身體需要的完全蛋白質，補充肌肉蛋白質營養，即便減重也能不減肌。

◎ 原則五：**減少麵類份量**。減少麵類份量，加上杏鮑菇絲、櫛瓜絲、豆芽菜補充份量，一樣爽口，又能降低醣分，增加膳食纖維的攝取。

◎ 原則六：**加入醋與檸檬降低GI值**。使用甘薯加上檸檬汁，冷飯加上白醋，讓醣分消化速度變慢，美味降GI。

◎ 原則七：**蛋白質、蔬菜與油脂一起吃，美味加倍、降GI**。例如全麥吐司抹上酪梨醬及番茄、蛋片。油脂與蛋白質包裹著澱粉，會讓糖與澱粉消化緩慢，像是無澱粉米漿，花生的油脂成分可以讓米糠中的澱粉消化速度更慢。

減醣降GI烹調實作

方法一：蒟蒻末去除鹼味法。把2湯匙米飯加上蒟蒻末，就能變成1

碗，大量纖維是降GI的簡易方法。但是蒟蒻有一種鹼味，使用以下方式就可以完全去除鹼味，享受Q彈米香的蒟蒻飯！

1. 切末：將整塊蒟蒻使用調理機打成末。
2. 醋與鹽：煮沸一鍋熱水，放入醋與鹽各一小匙，置入蒟蒻末煮沸3分鐘。
3. 沖涼去鹼味：用冷開水沖涼，即可去除鹼味。
4. 保存：放入保鮮盒並加入冷開水，密封冷藏可保存一週。因為蒟蒻含水量豐富，千萬不可冷凍，破壞了水與蒟蒻粉的結合，而變得乾硬無法入口！
5. 復熱：需要使用的時候，拿出適量瀝乾，以白飯1/4碗、蒟蒻半碗的比例拌入。

方法二：無澱粉勾芡高纖羹湯小撇步。 勾芡湯汁是減醣的地雷區，利用水溶性纖維膠質特點創造滑嫩口感，以下五種方式無醣高纖芡汁可淡可濃，製作勾芡羹湯與燴飯，滋味不變。

1. **白木耳柴魚芡汁：** 適用日式湯頭、中式掛芡。

做法：將白木耳50克（半碗）與水500~700毫升、柴魚少許一起煮滾，放入食物調理機，以高速打成羹狀。

適用菜色：花枝羹、蚵仔麵線、親子丼飯、中式燴飯。

2. **蘑菇鮮奶油芡汁：** 適用西式濃湯。

做法：將半碗蘑菇加上香菇一朵，放入雞高湯700毫升、鮮奶油100cc，煮滾後放入食物調理機，以高速打成羹狀。

適用菜色：西式蘑菇濃湯、西式巧達湯。

3. **白花椰菜芡：** 宛如薯泥的質感與口感，是馬鈴薯泥愛好者的最佳低醣替代品。

做法：將一碗白花椰菜放入雞高湯500~700毫升、鮮奶油100cc煮滾，接著與起司片一片放入食物調理機，以高速打成羹狀。

適用菜色：西式馬鈴薯濃湯、蛤蜊巧達湯。

4. **洋車前籽殼粉芡**：帶有一點微酸味，適合帶酸氣的羹湯。先使用冷水攪拌均勻是秘訣！

做法：將冷水100cc、洋車前籽粉2大匙攪勻後拌入湯汁中。

適用菜色：酸辣湯、糖醋里肌、糖醋料理。

5. **秋葵芡汁**

做法：將秋葵數根加入500毫升的水，熬煮成濃稠狀就可以當成芡汁使用。

適用菜色：酸辣湯、中式燴飯。

方法三：善用天然鮮甜常備秘密武器。 以下是不想要每道菜都使用砂糖，卻可以有天然甜的小撇步。

1. **洋蔥泥冰塊**

做法：使用微波爐或烤箱，將剝除外皮的整顆洋蔥淋上初榨橄欖油20毫升加熱5分鐘，或放入烤箱以180度烤15分鐘。接著，用調理機打碎熟洋蔥，再將洋蔥泥倒入冰塊盒中，拿去冷凍一晚後，脫膜放入密封盒中冷凍儲藏，隨意取用。

使用時機：入湯或是燉煮紅燒肉品時使用。

2. **甜蜜胡蘿蔔泥冰塊**

做法：使用微波爐或烤箱，將去皮的胡蘿蔔淋上初榨橄欖油20毫升加熱5分鐘，或放入烤箱，以180度烤15分鐘。接著，用調理機打碎熟胡蘿蔔。再將胡蘿蔔泥倒入冰塊盒中，冷凍一晚。

使用時機：入湯或是燉煮紅燒肉品時使用。

同樣方式可以製作青蔥泥冰塊與高湯冰塊，增加食物的天然甜味！

調整內分泌、降低膽固醇的高纖食材

這些食材只有膳食纖維的成分，熱量與淨碳水幾乎是零，GI也低，可增加飽足感與美味。我把它們與其他食材一起做成點心或是菜餡，餓的時候，空腹吃也不會使得血糖飆高。

什麼是膳食纖維？

　　它是人體不能消化的多醣類，每天至少需要攝取25～35克的膳食纖維。每日五碗蔬菜含有15克膳食纖維，如果還是不足的話，可以增加份量，或是加入銀耳漿、洋車前籽粉與麩皮類食材，補充纖維質。

對於身體保健的功能

◎ 多囊卵巢女性的減重良方：2017年臨床內分泌期刊《Clin Endocrinol》的研究發現，飲食中的「膳食纖維」與多囊性卵巢女性患者的體重呈負相關，即飲食中的「膳食纖維」攝取越多，體重越低。

◎ 增加飽足感：水溶性纖維吸水後膨大，可以增加飽足感。

◎ 腸道保健：不僅使排便順暢，很多高纖食物是腸道益生菌的食物。

◎ 降低膽固醇、遠離心臟血管問題：膳食纖維可吸附膽鹽（膽固醇原料）及毒素，將它們排出體外。進行減醣飲食的人一定要多攝取蔬菜與麩皮內的纖維，有益膽固醇的代謝。

高纖食材有哪些？

　　蔬菜與水果、麩皮類（穀物種子澱粉胚乳外的纖維層）都含有大量的水溶性與非水溶性膳食纖維。

◎ 非根莖澱粉類的蔬菜：各色蔬菜、豆莢類、菇類。100克的蔬菜中，淨碳水含量平均只有2.5克。一餐吃兩盤燙青菜，淨碳水也只有5～6克！容易飽足，醣類不過量，加上維生素多，請多多食用！

◎ 麩皮細糠、種子殼類：麥麩、米糠麩、燕麥麩皮、洋車前籽粉。麩皮和米糠含有70%以上的膳食纖維與維他命B，研究證實，對於肥胖、婦女內分泌、膽固醇、腸道保健很有幫助。燕麥麩皮、麥麩皮、米糠都是膳食纖維食材。燕麥麩皮口感滑潤，可作為粥品的替代品，無論是中式鹹粥或是西式甜粥都很美味。

◎ 全穀類：像是藜麥、燕麥、糙米等粗糧。可以做成沙拉中的主食，雖然含有澱粉，但是外層的麩皮層有滿滿膳食纖維，可以慢慢消化、不會引發血糖海嘯的慢醣。但是種子澱粉沒有去除，份量還是要斤斤計較。

在2006年的《Fertil steril》期刊中，Douglas等專家將11位體重過重的多囊性卵巢症候群女性患者分別採取三種飲食，探討對於體重、胰島素、血脂情形的影響。

1. 富含單元不飽和脂肪酸組（55%碳水化合物、15%蛋白質及30%脂肪，其中單元不飽和占脂肪的17%）。
2. 低碳水化合物組（40%碳水化合物、15%蛋白質及45%脂肪，其中單元不飽和占脂肪的18%）。
3. 標準健康飲食組（55%碳水化合物、15%蛋白質及30%脂肪，其中單元不飽和占脂肪的13%）。

另一篇針對28位過重的多囊性卵巢症候群女性，隨機分配為兩組，比較體重、胰島素阻抗、血脂情形。

1. 第一組：低碳水化合物且高蛋白組（40%碳水化合物、30%蛋白質及30%脂肪）。
2. 第二組：高碳水化合物且低蛋白組（55%碳水化合物、15%蛋白質及30%脂肪）。

這兩篇研究皆發現「低碳水化合物組」有顯著較低的體重。

2017年臨床內分泌期刊《Clin Endocrinol》刊登一篇文章，研究人員將57位過重的多囊性卵巢症候群女性患者，隨機分為：

1. 飲食控制組（由營養師指導飲食，每天減少600大卡熱量）。
2. 運動組（由物理治療師指導個人運動計畫）。
3. 飲食控制加運動組。

16週後，研究人員發現飲食控制加運動組的體重明顯降低，且飲食中的膳食纖維與體重呈負相關，即飲食中的「膳食纖維」攝取越多，越能降低體重。

抗發炎食材幫助我和過敏說掰掰

最令人開心的是，採取減醣抗發炎的飲食方式，讓我每每發作都需住院的嚴重氣喘與過敏，不再發作。

2014年有一篇全球的大型分析研究（註3），闡述糖尿病、過敏、氣喘、新陳代謝症候群、心臟血管疾病、憂鬱症都與慢性發炎有關，希望找出抗發炎的食物。研究數據範圍包括台灣、日本。結果顯示慢性發炎其中一個危險因子，與糖的攝取過量有關。這篇論文解除了我心中的疑問，為什麼我開始減醣且多食用抗發炎的食材與補充品後，不只瘦身成功，連過敏、氣喘、內分泌失調都好轉，甚至不發作了！可是多吃了一點醣分，尤其是精緻糖後，喉嚨會癢，鼻水直流。

◎抗發炎食材

抗發炎食物營養素	與健康關係	抗發炎食材
高膳食纖維	膳食纖維有助抗發炎	蔬菜、麩皮類、全穀類
好油脂	ω-3多的油脂有助抗發炎	高單位魚油、深海魚、鯖魚、秋刀魚等
維生素C、E、D	維生素C、E具抗氧化及抗發炎作用、維生素D能調節發炎反應	綠色蔬菜、豆類、穀物胚芽、奶類、蛋黃、番茄、檸檬
類黃酮、類胡蘿蔔素多	抗發炎、抗氧化作用	薑黃、四季紅橙黃綠藍紫各色蔬菜、辛香料、蔥薑辣椒、迷迭香等

註3：Shivappa N., et al, Designing and developing literature-derived, population-based dietary inflammatory index. Public Health Nutr. 2014 Aug;17(8):1689-96。

◎ 抗發炎食材原則：與發炎有關的食物

促發炎食物成分	與健康關係	來源
糖與澱粉（淨碳水）	高糖與精緻澱粉會促發炎	蛋糕、甜點、含糖飲料
脂肪	飽和脂肪、反式脂肪、ω-6 攝取過多	人工氫化油脂、精煉油、豬油、動物油
個人過敏原	造成過敏反應	麩質過敏、海鮮過敏、堅果過敏等

好油脂抗發炎

　　對於飲食還沒有這麼重視以前，我的廚房櫃子裡只有大豆沙拉油、調和香油、北港的黑麻油這三種油，以大豆沙拉油使用最多。但是，自從油品安全的新聞層出不窮，加上了解了油脂對於身體的修補、飢餓感與活力，有很大的影響之後，我的小小廚房裡，多了很多不同種類的好油脂，不僅分散用油風險，也增添不少料理的風味，可以明顯感受到菜餚味道變好，即便隔餐吃，也仍舊好吃。做低醣甜點或是想喝點熱可可時，我會加一點堅果油，口感更佳。攝取好油之後，肚子比較不容易餓，皮膚也光滑起來，可見油實在很重要啊！

◎ 以下是我家的常用油品：
  1. 煎炒：初榨橄欖油、冷壓苦茶油、初榨酪梨油、冷壓椰子油。
  2. 涼拌：冷壓花生油、冷壓芝麻油、各式冷壓堅果油。

◎ 油脂對身體健康的影響以及烹調方式

成分	不飽和脂肪			飽和脂肪
	Ω3 多的油	Ω6 多的油	Ω9 多的油	飽和脂肪
對健康影響	改善發炎、清除血栓、抗憂鬱、抗過敏、支持保護神經系統。	容易使身體慢性發炎	改善發炎	容易使身體慢性發炎
發煙點	不耐高溫、涼拌為佳。發煙點通常在 160℃ 以下。	可耐中高溫	可耐中高溫、中火炒、水油煮 180℃ ~ 250℃。	耐高溫 200℃
食物來源	魚油、冷壓亞麻仁籽油、冷壓紫蘇油、冷壓堅果油、初榨核桃油。動物：鮭魚、鮪魚、鯖魚、沙丁魚、秋刀魚。	精煉油脂，大豆油、玉米油、葵花籽油。	初榨橄欖油、新鮮酪梨果實及其初榨油、苦茶油。	豬油、雞油、牛油、奶油、澄清奶油 (ghee)、椰子油或是肉品中的油脂。
使用時機	額外補充	減少使用	可常常使用烹調用油	一週 2 ~ 3 次烹調用油
選購重點	• 請選購保有種子天然的風味與色澤。橄欖油有橄欖香、椰子油有清爽椰子香、榛果有榛果香。 • 瓶子要使用玻璃瓶，不能過期，越新鮮越好。 • 魚油要有無重金屬檢驗報告。		• 請選購保有種子天然的風味與色澤。橄欖油有橄欖香、苦茶油有苦茶籽香味。 • 瓶子要使用玻璃瓶，不能過期，越新鮮越好。	動物來源產地要注意最好是動物用藥少、飼料不使用農藥。
美國心臟協會建議每日攝取量與總油量比例	10g (15%)	10g (15%)	30g (45%)	16g (25%)

Vivian抗炎小心得

烹調溫度對於油的品質影響甚鉅，勤儉的主婦常常使用蒸、水煮、煎炒，加上好油，滋味豐富油潤！不建議使用的油則是沒有天然香氣與色澤的油、過期的油、化學提煉精製過的油。

減醣不減甜蜜的甜味劑

有人減醣不只為了瘦身，還有許多人是因為糖尿病以及過度病態的肥胖，必須限制醣分的攝取。在我實踐減醣瘦身的過程中，最有心得的是如何克服想吃甜食與澱粉的慾望。當我很想吃點心時，除了喝水，還會食用減醣甜點，而不是克制想吃甜的慾望，不僅心情得到療癒，體重與血糖也得到控制。因為壓抑慾望反彈時，就是瘋狂地大吃蛋糕、甜食、米飯，反而增加沮喪感，認為自己辦不到！我發現，克制慾望並不會瘦身或是健康（可能是因為壓力荷爾蒙的關係），吃了低醣甜點後，反而更能在體重計上看到驚喜。

此外，低GI甜味劑也是讓我克服糖癮的救星。很多人覺得減醣如同缺少了甜味，人生索然無味，但是有些甜味劑嚐起來如同帶著甜味的糖，因為人體沒有消化的酵素，所以不會被消化吸收，不影響血糖與熱量。

以下是我經常使用的天然甜味劑：
◎ 椰子花蜜糖（Coconut Palm Sugar）：椰棕糖由棕櫚樹的花蜜提煉，狀似黑糖，帶有椰香的天然糖，是我給孩子使用的糖，在優格上撒上一小匙，十分美味。
特點：升糖指數GI值僅為35，是砂糖的1/3，含有豐富的礦物質，像是鐵、鎂、維生素B。

美國糖尿病協會（ADA）建議糖尿病友可以選擇椰棕糖當成健康的代糖，來取代砂糖。但是，不要因為椰棕糖屬於低GI食材而使用過量喔！

◎ **赤藻糖醇**：甜度是砂糖的0.7倍。

　特點：使用菌類與穀物發酵的天然甜味劑，但是不會影響血糖。
　熱量極微，通常標示為0。

　型態：砂糖狀。

　口味：帶有淡淡的涼感，耐熱適合烹調。我會把一般食譜砂糖使
　用量除以0.8就是赤藻糖醇的使用量。

◎ **甜菊糖醇及濃縮液**：甜度是砂糖的300倍。

　特點：將甜菊葉萃取甜味，對血糖影響極微小，熱量也很少。

　型態：液態、砂糖狀態都有。

　口味：後味有甘草味，耐熱適合烹調。

以上赤藻糖醇、甜菊糖醇及濃縮液，是對於健康無負面影響，且可混
合，讓口味更接近蔗糖的代糖。因為耐熱，可作為做菜及烘焙的代
糖，維持甜味，血糖卻不受影響。

實現瘦身、抗敏計畫的目測法！

在減醣過程中，稱量食物是一件麻煩事。其實，只要準備下面這四種
量器，不用斤斤計較，就能讓減醣生活更簡單易行。

◎ 大匙（湯匙）：15毫升（一般自助餐塑膠湯匙、喝湯用湯匙）

◎ 小匙：5毫升

◎ 碗：300毫升（一般自助餐的碗）

◎ 杯：240毫升

首先，量一下體重，過胖或是過瘦都無益於健康，先從了解自己的標
準體重開始吧！

世界衛生組織計算標準體重的方法如下：

◎ 標準體重

　女性：（身高cm－70）×60%

　男性：（身高cm－80）×70%

◎ 美容體重

標準體重範圍的最下限，是標準體重×0.9，再低的話就過輕了！

接下來，請先依據想要瘦身或是維持健康的目的，從附錄中找出以身高為基準對應的體重及熱量。

您的目標體重：＿＿＿＿＿＿＿＿＿＿＿＿＿＿＿＿＿＿＿＿＿＿＿＿＿＿＿＿

希望達到什麼目的：＿＿＿＿＿＿＿＿＿＿＿＿＿＿＿＿＿＿＿＿＿＿＿＿

依照目的選取限制攝取醣分：（120克/90克/50克）

然後，找出每日目測份量，分成三餐或是兩餐食用。

主食：每日＿＿＿＿＿＿＿湯匙或＿＿＿＿＿＿＿碗／只在早餐、中餐食用

主菜：每日＿＿＿＿＿＿＿個手大小

配菜：每日＿＿＿＿＿＿＿碗

油脂：每日＿＿＿＿＿＿＿小匙

水果：每日

點心：每日

主菜目測法
請用手測量：

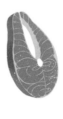

女性一手大小的肉類、蛋、豆腐、豆乾或魚是3份、蛋白質約21克。

男性一手大小的肉類、蛋、豆腐、豆乾或魚是4份，蛋白質約28克。

烹調方式最好是清蒸、煎、烤、滷。

澱粉主食目測法

請使用湯匙：15cc的湯匙

一湯匙澱粉類主食＝16克主食重量＝6克醣

五湯匙＝半碗

十湯匙＝一碗主食

蔬菜配菜目測法

請使用碗測量：一餐2碗，一日4碗以上。

方法：

1. 一定要有菇類，它的纖維有利腸道保健。

2. 每碗配菜含醣量為5克、淨碳水量約2～3克，一餐可食用2碗份量，代換自助餐份量需要3格蔬菜。

3. 每餐蔬菜包含3種顏色，不同的植化素、花青素與維他命可以幫助身體新陳代謝。

烹調方式最好是清蒸、水油煎煮、烤。

水果目測法

請使用拳頭或是碗測量：一天半碗或是半個拳頭大小。

盡量不要與澱粉同餐吃，醣分就不易過量。

甜點目測法

請使用碗測量，一天半碗。

方法：每日吃一份，與主食、甜點代換。

依照不同目的，搭配五種減醣餐

　　從未嘗試過減醣的你，最適合全家康福減醣餐，每日依照份量進行，醣分不過量。無壓力減醣餐，讓我不知不覺地瘦下來，但是遇到停滯期時，可以試著減少至每日50克，或增加運動量。

每日限醣50克——快速瘦身減醣餐

◎ 適合族群：有強烈減重動機，或是瘦身停滯期超過三個月，怎麼運動都瘦不下來，希望能快速瘦身者。

◎ 每日限醣50克 | 每餐約15～20克的醣、熱量400大卡 | 一日1200大卡。

　主食澱粉：每餐可食0～1湯匙，像是五穀飯、南瓜、藜麥等，醣分約7克。

　主菜肉類：每餐1.5手大小與厚度，大概是3～4份，蛋白質28克。

　配菜：蔬菜每餐2碗，醣分10克。

　烹調油脂：每日5湯匙，請把附錄中體重對應的用油量好放在碗裡，依照烹飪習慣分三餐使用。

　甜點或水果：請取代澱粉類主食，水果或甜點每日半碗，醣分不過量。半碗醣分是7克。

快速瘦身減醣餐：
晚餐 - 醣 10 克
上海蔥燴豬排、鹽
麴三蔬、紫菜湯

◎ 依照身高與瘦身目標所需醣類、脂肪、蛋白質的目測份量，請參見附錄。

快速瘦身減醣餐盤示範

◎ 早餐——醣10克：咖啡館早餐｜火腿起司吐司三明治佐熱咖啡
◎ 午餐——醣20克：暖胃便當｜滑蛋蝦仁燴飯（無澱粉芡）+莓果優格半碗
◎ 晚餐——醣10克：療癒系家常快炒｜上海蔥燴豬腩、鹽麴三蔬、紫菜湯
◎ 總醣分：40克

每日限醣90克——無壓力抗炎止敏減醣餐

◎ 適合族群：希望每日吃水果、米飯、適量麵包，也能成功瘦身或是想抗發炎、維持健康的人。
◎ 每日限醣90克｜每餐30克的醣、熱量470大卡｜一日1400大卡。
　主食澱粉：每餐可食3湯匙～1/3碗，像是五穀飯、紅豆、南瓜，醣分約18克。

主菜肉類：每餐1手大小與厚度，大概是3～4份，蛋白質28克。

抗炎蔬菜配菜：每餐2碗，醣分10克。

烹調油脂：烹調用油量好放在碗裡，依照烹飪習慣分三餐使用。

甜點及水果：每天請各食用一次，份量是半碗，約半個拳頭大，隨餐吃對血糖影響最小。

◎ 請依照身高與瘦身目標所需醣類、脂肪、蛋白質的目測份量，參見附錄。

無壓力抗炎止敏減醣餐盤示範

◎ 早餐——醣20克：活力早餐｜酪梨醬鮮蝦全麥麵包佐黑咖啡

◎ 午餐——醣40克：家常美味便當｜無米海產粥＋紅藜毛豆壽司＋蝦仁毛豆鹽麴壽司＋水果優格半碗

◎ 晚餐——醣30克：上海蔥燒豬腩＋清燙綠花椰＋銀芽三彩＋高纖低醣飯

◎ 總醣分：90克

每日限醣120克－全家康福減醣餐

◎ 適合族群：無飯不歡的重度澱粉控，與標準體重的減醣新手。希望減少慢性發炎、降低血糖和血壓、改善過敏、氣喘、肥胖、三高、代謝症候群及多囊性卵巢症候群問題。

◎ 每日限醣120克｜每餐40克的醣、熱量500大卡｜一日1500大卡。

主食澱粉：每餐可食半碗，或5湯匙糙米、綠豆、芋頭等，醣分大約30克。

主菜蛋白質肉類：每餐1手大小與厚度，大概是3～4份，蛋白質約28克。

抗炎蔬菜配菜：每餐2碗，醣分10克。

烹調油脂：請把附錄中對應體重的烹調用油量好放在碗裡，依照烹飪習慣分三餐使用。

甜點及水果：各食用一次沒問題。份量是半碗，約半個拳頭大，餐後吃對血糖影響最小。

◎ 依身高與瘦身目標所需醣類、脂肪、蛋白質的目測份量,參見附錄。

全家康福減醣餐盤示範

◎ 早餐——醣40克:中式早餐|紅寶石酪梨亞麻仁籽吐司+酒香松花
溏心蛋

◎ 午餐——醣40克:暖心便當|低醣油飯、豆漿美人湯、鹽麴三蔬。
點心:無醣麻糬

◎ 晚餐——醣40克:西式療癒套餐|希臘甘薯沙拉、日式漢堡排、蛤
蜊蘑菇濃湯、西班牙巴斯克焦香起司蛋糕

◎ 總醣分:120克

Tips:

1. 先分好份量:可在早晨或晚餐後,先把主食份量量好放入容器裡,
第二天就吃這些主食或水果,帶去公司也很方便。

2. 澱粉不一定要吃好吃滿。一餐不吃澱粉,可以多加一份蛋白質,血
糖穩定也不挨餓。

3. 醣分15克=米飯2湯匙=麵條、冬粉、稀飯4湯匙=地瓜塊(根莖類
蔬菜)4湯匙=各式水果切塊4湯匙=薄吐司半片=饅頭1/3個=燒
餅1/3個=20克小餐包1個=貝果1/4個。

全家康福減醣餐:
早餐 - 醣 40 克
紅寶石酪梨亞麻仁
籽吐司佐溏心蛋。

主食與水果是醣分主要來源：白飯、麵食、水果都請1～3湯匙、半碗以下。自助餐盤也可如法炮製。

孩子的低醣抗敏餐盤

◎原則：孩子的減醣餐不是減少熱量攝取，而是減少醣分占總熱量比例，以高蛋白質與好油來代償醣類熱量！

主食澱粉：通常半碗。

主菜肉類：媽媽手掌大的蛋白質肉類、魚類或是豆腐。我通常每餐會使用兩種以上的蛋白質肉類。

蔬菜配菜：2份。

餐間低醣點心：椰子花蜜優格、莓果布朗尼。

孩子的低醣抗敏餐盤示範

早餐與點心：三色南瓜起司球＋抗發炎薑黃漢堡麵包＋櫻花蝦玉子燒＋櫛瓜偽炒麵＋巧克力蔓越莓奶油酥餅

幫助孩子脫離糖癮Tips：

1. 說故事：我常常拿著圖片或是餐盤跟女兒說故事，告訴她這樣打菜，吃了可以讓學習更專注，還能讓鼻子不過敏、不氣喘、上課不會打瞌睡。

2. 預備點心：對於小一到中學的孩子，這樣的餐盤到了下午四點容易餓。我會準備蛋白質類或是全穀類食物，例如茶葉蛋、起司片、全麥包子、自製低醣蛋糕甜點當作點心，避免女兒放學後太餓會更想吃糖果和蛋糕。

3. 以身作則：孩子總是學習家長的榜樣。從自己開始做起，減少食用含糖飲料與精製糖、享受原型食物的美味，讓孩子也能夠習慣與吃出食材的各種風味。

外食族減醣餐盤

　　以下餐盤的醣分都在20～30克左右：

便當盒減醣法	自助餐減醣法	小吃攤減醣法
一個便當容量：750ml	自助餐盤	半碗麵與飯
蔬菜鋪滿便當底層，厚度是便當高度的一半	五穀飯 1/3 碗	蔬菜 2 盤
2/3 寬度便當擺上主菜蛋白質	非根莖類蔬菜請選三色、共三樣	肉 1 盤
1/3 寬度擺上主食澱粉	肉類、豆腐共一個手大	

2

Vivian的
減醣
家庭料理

高纖低醣肉燥飯

對於剛開始減醣，或是無法捨棄白飯的人來說，將部分白飯以蒟蒻碎丁替代，可以保有米粒的甜香與澱粉的口感，是飽足又美味的無感減醣法。

> 淨碳水
> **7克**
> （1人份）

食材

白米 1 米杯（140 克）
已去鹼味蒟蒻末 2 米杯（280 克）
水 1 米杯（170 毫升）
減醣肉燥適量（做法參見 P.94 減醣肉燥）

做法

1. 將米淘洗兩次後放入電鍋中炊熟。
2. 蒟蒻絲放入滾水鍋中，加入一點醋與
   鹽，滾煮 1 分鐘，使用冷開水沖涼並瀝
   乾切末。
3. 電鍋跳起後，拌入蒟蒻末燜 15 分鐘。
4. 淋上 1 ～ 2 大匙減醣肉燥。

進食份量：半碗｜共 8 份
營養成分：蛋白質 1.3 克｜脂肪 0 克
　　　　　　膳食纖維 0.8 克｜熱量 59 大卡
烹調時間：40 分鐘
保存：冷藏 3 天｜不可冷凍
復熱：加蓋微波｜蒸｜炒

Vivian 減醣小心得

1. 可變化做成蛋炒飯、便當主食。
2. 白米可代換成糙米、黑米。
3. 蒟蒻碎末可一次大量製作，泡入冷開水中
   冷藏保存。需用時，取出瀝乾備用。
4. 這道蒟蒻白飯也可以把蒟蒻替換成白花椰
   菜末，只要將白花椰菜末微波 2 分鐘，並
   擠水瀝乾，即可使用。

低醣油飯

糯米是高升糖的澱粉，加入蒟蒻末，可以增加膳食纖維量、降低 GI 值。即使使用較軟的圓糯米，口感也不軟爛，反而更 Q 彈好吃，且方便保存、耐蒸。

淨碳水
7克
(1人份)

食材

圓糯米 1 米杯（140 克）
蒟蒻末 2 米杯（280 克）
水 0.6 米杯（110 毫升）

油飯爆香料：
梅花肉絲 100 克
水 1 碗
乾香菇 3 朵切絲（12 克）
洗淨蝦米 1 撮
鵝油香蔥 2 小匙
醬油 1 大匙
鹽少許

做法

1. 將米淘洗兩次後放入電鍋炊熟。
2. 等電鍋跳起後燜 30 分鐘，再拌入蒟蒻末燜 15 分鐘。
3. 以中火熱油鍋，加入鵝油香蔥、梅花肉絲、蝦米、香菇絲爆香，加入醬油、水和米飯拌炒，最後加鹽調味。

進食份量：半碗｜共 8 份
營養成分：蛋白質 3.8 克｜脂肪 5.32 克
　　　　　　膳食纖維 1.5 克｜熱量 74 大卡
烹調時間：40 分鐘
保存：冷藏 3 天｜不可冷凍
復熱：加蓋微波｜蒸

香甜豆渣飯

做法簡單,和米一起煮即可,
米飯中多了一股溫和的豆香甜味。
豆渣飯煮成粥也很好吃。

淨碳水
7克
(1人份)

食材

白米 1 米杯(140 克)
瀝乾的生豆渣 1 米杯
(80 克)(請選擇友
善栽種的大豆、黃豆或
黑豆)
水 1 米 杯 又 10 毫 升
(180 毫升)

做法

1. 將米淘洗兩次,與瀝乾的豆
   渣放入電鍋炊熟。
2. 電鍋跳起後,將豆渣與米飯
   拌勻並燜 15 分鐘。

進食份量:最多半碗 | 共 8 份
營養成分:
蛋白質 3 克 | 脂肪 1 克
膳食纖維 2 克 | 熱量 49 大卡
烹調時間:40 分鐘
保存:冷藏 3 天 | 冷凍 1 週
復熱:加蓋微波 | 蒸

梅子豆渣飯壽司

酸酸甜甜的梅子醬充滿日式風味，
加一點在豆渣飯中，它的酸味會降低 GI 值，
是冷便當的好食材！

淨碳水
14克
（1人份）

食材

豆渣飯半碗（60 克）（做法參見 P.56 香甜豆渣飯）
水煮罐頭鮪魚 1 大匙（10 克）
美乃滋 1 大匙
小黃瓜 1 根（用削皮器直削成黃瓜緞帶 2 片）
海苔片 2 條（剪成 1 公分的條狀）

調味料：
醃梅子醬 1 小匙

做法

1. 將豆渣飯、鮪魚、美乃滋、梅子醬放入碗中拌勻。
2. 將飯分成兩份放在保鮮膜上，用手捏成橢圓體，使用黃瓜緞帶直向包裹，再用海苔片橫向圍一圈即可。

進食份量： 2 個（70 克）
營養成分： 蛋白質 3 克｜脂肪 5 克，
膳食纖維 2 克｜熱量 113 大卡
烹調時間： 10 分鐘
保存： 冷藏 2 天
復熱： 不需復熱

蝦仁毛豆鹽麴壽司

豆類與米飯裡面的蛋白質,可以互補成為完全蛋白質;
鹽麴裡的益生菌有利於消化。
帶有堅果及大豆香氣的毛豆,就是尚未成熟的黃豆,
加上麻油與鹽麴提鮮,可使口感更豐富。

> 淨碳水
> **18克**
> (1人份)

食材

高纖蒟蒻白飯 1 碗
(做法參見 P.52)
熟毛豆仁 1/4 碗 (25 克)
蝦仁 4 隻
薑片 2 片
蛋 1 顆
初榨橄欖油 1 小匙
(煎蛋絲用)
壽司豆皮 4 片

調味料:
白芝麻油 1 小匙
鹽麴少許

做法

1. 將蛋打散,用不沾鍋煎成蛋
   皮並切絲。
2. 加熱一小鍋水並放入鹽及薑
   片,水滾後放入蝦仁燙熟瀝
   乾備用。
3. 將復熱過的蒟蒻白飯加入熟毛
   豆、蛋絲蝦仁以及調味料拌勻
   後,用手捏緊分成 2 份,放
   在三角壽司豆皮裏包起即可。

進食份量:2 顆|共 1 份
營養成分:
蛋白質 11.2 克|脂肪 8 克
膳食纖維 3 克|熱量 194.8 大卡
烹調時間:10 分鐘
保存:冷藏 2 天
復熱:加蓋微波|蒸

紫蘇梅米豆飯糰

紫蘇具有行氣寬中、幫助消化的作用。
米與豆的胺基酸互補,能形成完全蛋白質,
不僅減脂,還可增肌。

淨碳水
14克
(1人份)

食材

本土友善黃豆 1/4 米杯（20 克）
糙米 1 米杯（140 克）
藜麥 1 大匙
海苔 8 小片
水 1.4 米杯（220 毫升）

調味料：
冷壓苦茶油 2 小匙
紫蘇梅 2 顆（去籽切末）

做法

1. 將黃豆洗淨,泡水一晚後瀝乾。
2. 將糙米、藜麥、黃豆與水置於電鍋中,外鍋加入 2 杯水蒸熟（亦可使用電子鍋,內鍋水量相同）。
3. 電鍋跳起後,先使用飯匙鬆飯以去除多餘水氣, 再燜半小時,拌入苦茶油與梅子末並放涼。
4. 用飯匙將米飯分成 8 小糰,用雙手虎口捏成三角飯糰,並包覆海苔即可。

進食份量：1 顆飯糰｜共 8 份
營養成分：蛋白質 2.2 克｜脂肪 2.1 克
膳食纖維 0.5 克｜熱量 85 大卡
烹調時間：60 分鐘
保存：冷藏 3 天｜冷凍 2 週
復熱：加蓋微波｜蒸

氣炸鬆軟紫薯

紫薯鬆軟細緻、纖維高，富含抗發炎的植化素、花青素，使用氣炸鍋方便烤出綿密香甜的紫薯。冷凍保存後成為抗性澱粉，GI 值更低。各色甘薯、芋頭、馬鈴薯都可以用同樣方式烤製。

淨碳水
11克
（1人份）

食材

紫薯小的 3 個（約 300 克）

做法

1. 紫薯可選擇紡錘狀或圓柱形，外形均勻圓厚、皮薄，大小約略等於一個拳頭。亦可選購大的紫薯，再分切成拳頭大小。
2. 將紫薯洗淨，並泡水半小時，吸飽水分，然後密封冷凍 1 小時，破壞組織。
3. 解凍後使用氣炸鍋或是烤箱，以 180 度烤 30 ～ 40 分鐘。或是使用大同電鍋以兩杯水蒸熟。

進食份量：1/3 碗、半個拳頭大｜共 6 份
營養成分：蛋白質 0.5 克｜脂肪 0.3 克
　　　　　　　膳食纖維 1 克｜熱量 50.7 大卡
烹調時間：60 分鐘
保存：冷藏 3 天｜冷凍 4 週
復熱：加蓋微波｜蒸

希臘雙薯沙拉

使用檸檬加上富含鈣質的羊奶起司，
讓甘薯的營養充分發揮，血糖也不飆高。
當作早餐，帶來活力滿滿的一天！

淨碳水
14克
(1人份)

食材

烤過的鬆軟甘薯與馬鈴薯各 50 克
剝碎的希臘 feta 起司 30 克
小洋蔥 1/3 顆切絲
小番茄三顆切片
小黃瓜 1 條切丁
香菜少許

調味醬汁：
檸檬汁 2 小匙
白酒醋 1 小匙
初榨橄欖油 2 大匙
海鹽少許
黑胡椒粉少許

做法

1. 將調味醬汁拌勻。
2. 將洋蔥、小黃瓜、番茄、甘薯、馬鈴薯、希臘 feta 起司堆疊，淋上醬汁即可。

進食份量： 1 份｜共 2 份
營養成分： 蛋白質 3.5 克｜脂肪 16 克
膳食纖維 3 克｜熱量 220 大卡
烹調時間： 10 分鐘
保存： 甘薯冷藏 3 天｜冷凍 2 週
復熱： 不需復熱

烤甜椒
佐薄荷鷹嘴豆泥

帶有堅果味及異國香料的鷹嘴豆泥，使用烤甜椒及蔬菜棒沾食，
充滿異國風味，還有豐富的植化素與香料，
可以抗發炎，適合當作主食，也可作為午餐的輕食。

淨碳水
17克
(1人份)

食材

鷹嘴豆泥：
鷹嘴豆罐頭 1 個（約 400 克）
白芝麻醬（或堅果醬）4 大匙
檸檬汁 3 大匙
初榨橄欖油 3 大匙
小茴香粉 1/4 小匙
蒜頭 2 瓣
鹽少許
西班牙紅椒粉（parprika）少許
薄荷絲少許

沾食蔬菜：
烤甜椒 1 顆去皮切成條狀
黃瓜 1 條切成條狀

做法

1. 將鷹嘴豆放入熱水中煮約 5 分鐘，去除
   鹽水及罐頭金屬味道。再放入食物調理
   機中，加上白芝麻醬、檸檬汁、初榨橄
   欖油、小茴香粉、蒜頭與鹽打成泥狀。

2. 太稠的話，可以加點開水調整至喜愛的
   濃稠度。使用橡皮刮刀將調理機中的豆
   泥取出置入盤中，撒上西班牙紅椒粉、
   薄荷絲，即可沾食。

3. 將甜椒以夾子夾於瓦斯爐上，使用明火
   略烤至皮焦黑，去除焦皮後，切成條狀。
   小黃瓜切成條狀即可沾食。

進食份量：1 份｜共 5 份
營養成分：蛋白質 7.6 克｜脂肪 10 克
　　　　　　膳食纖維 8 克｜熱量 204 大卡
烹調時間：10 分鐘
保存：冷藏 3 天｜冷凍 2 週
復熱：不需復熱

紅藜毛豆壽司

台灣紅藜，100 克中含有 18 克的纖維
以及豐富的花青素及蛋白質，
ＱＱ的口感中帶有玉米鬚淡淡的甜香，
可與毛豆蛋白質組合成完全蛋白質。

淨碳水
17克
(1人份)

食材

熟紅藜 3 大匙
熟毛豆 2 大匙
鹽少許
白麻油 1 小匙
檸檬汁 1 小匙
豆皮壽司 2 片

做法

1. 紅藜細小，請使用濾網，放
   在水龍頭下沖洗乾淨，再放
   入熱水中煮約 20 分鐘，瀝乾
   即可食用。毛豆可以使用電
   鍋蒸熟或使用熟的毛豆。
2. 將熟毛豆、熟紅藜、鹽、白
   麻油與檸檬汁拌勻後，放入
   過熱水、漂去糖與油並擰乾
   的豆皮壽司。
3. 紅藜與毛豆蒸熟後，可以按
   照所需份量分裝冷凍。要吃
   時，蒸熱或微波即可。

進食份量：2 個｜共 1 份
營養成分：
蛋白質 3 克｜脂肪 6 克
膳食纖維 5 克｜熱量 144 大卡
烹調時間：10 分鐘
保存：冷藏 3 天｜冷凍 2 週
復熱：微波、蒸或室溫回溫

無米清粥

燕麥麩皮（oat bran）是燕麥的外皮，去掉了胚乳澱粉，只剩下大量水溶性膳食纖維與少量的澱粉，GI值19，屬於低GI，不會造成血糖震盪，是國外很多女藝人和名模的減肥聖品。擁有米茨滑順口感與澱粉香氣的低醣粥，讓我終於可以好好喝粥，不怕血糖飆高了！

> 淨碳水
> **8克**
> （1人份）

食材

燕麥麩皮 2 大匙（15 克）
蒟蒻末或花椰菜末 5 大匙（50 克）
水 300 毫升

做法

將所有食材放入鍋中煮成稀粥，煮到一定的稠度即可關火。

進食份量：1 碗以下｜共 1 份
營養成分：蛋白質 1 克｜脂肪 0 克｜
膳食纖維 3.5 克｜熱量 24 大卡
烹調時間：5 分鐘
保存：冷藏 2 天｜冷凍 1 週
復熱：加蓋微波｜蒸

皮蛋瘦肉無米粥

鹹鮮好入口的皮蛋瘦肉粥，使用無米清粥，
少了稀飯的高GI值，多了滑口的膳食纖維，
最適合有血糖問題困擾的人食用。

食材

皮蛋 1 顆切末
肉末（或肉絲）35 克
無米清粥 1 碗
（做法參見 P.72 無米清粥）
薑絲少許
芹菜末少許
鹽少許
初榨橄欖油 1 小匙
自製柴魚高湯粉 1 小匙
（或是烹大師 1 小匙）

柴魚高湯粉：
蝦米半碗
柴魚片 2 碗
乾香菇半碗
米酒少許

做法

1. 先製作柴魚高湯粉。將蝦米洗淨晾乾，噴上米酒後以 120 度烤至酥脆乾透，但不可焦黃。
2. 將切碎的乾香菇半碗與柴魚片 2 碗、蝦米半碗一起放入調理機中打成粉末，並裝入可反轉開口的紙茶包袋中。
3. 起油鍋炒香絞肉，放入無米清粥，高湯粉與鹽調味後加上切碎的皮蛋、薑絲與芹菜末即可。

進食份量：1 碗以下｜共 1 份
營養成分：
蛋白質 15 克｜脂肪 5 克
膳食纖維 3 克｜熱量 125 大卡
烹調時間：5 分鐘
保存：冷藏 2 天｜冷凍 1 週
復熱：加蓋微波｜蒸

三味低醣佐粥小菜

原本以為執行低醣飲食會跟高GI的佐粥麵筋與肉鬆徹底絕緣了！但是了解食材處理的訣竅後，一樣可以享受麵筋的Q彈、肉鬆甜甜鹹鹹的酥鬆口感。

淨碳水
9克
(1人份)

食材

香菇麵筋 50 克
市售辣筍 30 克
無醣肉鬆 2 大匙（22 克）
　（做法參見 P.96 無醣肉鬆）

做法

1. 請依照 P.96 預備無醣肉鬆。市售辣筍需要瀝乾湯水，如果使用市售花生麵筋，也請瀝乾或過熱水，去除湯裡面的精緻糖分與油脂。
2. 擺上小菜即可與粥同時享用。

進食份量：1 碗 3 菜 ｜ 共 1 份
營養成分：蛋白質 18 克 ｜ 脂肪 15 克
　　　　　　膳食纖維 4 克 ｜ 熱量 251 大卡
烹調時間：5 分鐘
保存：冷藏 7 天
復熱：加蓋微波 ｜ 蒸

無米海產粥

海產粥加上提味的油蔥酥，
很適合老人家和小孩當作早餐或宵夜，
補充營養！

> 淨碳水
> **8克**
> （1人份）

食材

白花椰菜末 50 克
燕麥麩皮 2 大匙
蝦仁 2 隻
蚵仔 5 個
柴魚高湯 350cc（水亦可）
薑絲少許
米酒少量
芹末少許
香菜少許
白胡椒粉少許
鵝油香蔥 2 大匙
鹽少許

做法

1. 白花椰菜加少許鹽和水，微波 4 分鐘。
2. 將高湯煮滾，加入花椰菜末、薑、酒、海
   鮮料，煮熟後加入燕麥麩皮煮 2 分鐘。
3. 起鍋前加入芹末、香菜、鵝油香蔥、白胡
   椒粉。

進食份量：1 份｜共 1 份
營養成分：蛋白質 10 克｜脂肪 30 克
　　　　　　膳食纖維 3.5 克｜熱量 349 大卡
烹調時間：5 分鐘
保存：冷藏 1 天｜冷凍 1 週
復熱：加蓋微波｜蒸

滑蛋蝦仁燴飯

別以為減醣飲食就不能吃勾芡類的燴飯，
只要聰明吃，依然能夠保持血糖穩定。
勾芡湯汁是減醣的地雷區，
但是利用白木耳芡汁的水溶性纖維膠質，
一樣可以製造滑嫩口感，美味不變。

淨碳水
3克
（1人份）

食材

蝦仁 100 克
胡蘿蔔片 5 片（30 克）
青豆仁 1 大匙（10 克）
洋蔥末 20 克
薑末少許
蒜末少許
雞蛋 1 顆
白花椰菜飯 1 碗（做法參見 P.52）
初榨橄欖油 1 小匙

調味料：
白木耳柴魚芡汁 200 cc
鹽 1/2 小匙
白胡椒粉 1/4 小匙
香油 1 茶匙

白木耳柴魚芡汁：
將白木耳 50 克（半碗）與水 700 毫升、
柴魚少許一同煮滾，放入食物調理機用高
速打成羹狀。（做法參見 P.184）

做法

1. 將蝦仁用刀劃開背部後洗淨瀝乾，胡蘿
   蔔切小片與青豆仁一起燙熟，雞蛋打散、
   白花椰菜飯裝盤備用。
2. 起油鍋，放入洋蔥、薑末與蒜末爆香，
   加入蝦仁翻炒均勻，再加入燙熟的胡蘿
   蔔片、青豆仁，倒入已加熱的白木耳柴
   魚芡汁、淋上打散雞蛋拌勻，灑上香油、
   鹽、赤藻糖、白胡椒，淋至飯上即可
   享用。

進食份量：1 碗｜共 1 份
營養成分：蛋白質 20 克｜脂肪 15 克
膳食纖維 8 克｜熱量 243 大卡
烹調時間：15 分鐘
保存：冷藏 3 天｜冷凍 1 週
復熱：加蓋微波｜蒸

親子丼燴飯

Q彈的蒟蒻米粒混合鹹中帶甜的白木耳芡汁，
與滑嫩的蛋、雞肉一起入口，幸福感滿點！

淨碳水
17克
(1人份)

食材

雞腿肉含皮 120 克
　（如手掌大小）
洋蔥絲 1/8 個（50 克）
蔥半根
蛋 1 顆打散
蒟蒻白飯 1 碗
　（做法參見 P.52）

醬汁：
白木耳柴魚芡汁 200cc
　（做法參見 P.184）
醬油 2 小匙
味醂 2 小匙（或以赤藻糖 1 大
匙、米酒 1 小匙代替）
鹽少許
海苔絲少許
七味粉少許

做法

1. 把洋蔥切薄片，蔥綠切碎。
2. 使用 23 公分不沾鍋，開中火，
　將雞腿放入鍋內，煎到金黃
　色並出油，再將煎好的雞肉
　分切成小塊。
3. 將洋蔥絲放入鍋中煎軟，加
　入醬油、味醂、20 毫升的水
　與雞腿丁同煮 3 分鐘後，加
　入白木耳柴魚芡汁。
4. 將蛋打散，放在雞腿芡汁上，
　不需攪拌。蛋液加熱至半熟
　置於蒟蒻白飯上，撒上蔥花、
　海苔絲與七味粉。

進食份量：1 碗｜共 1 份
營養成分：
蛋白質 39 克｜脂肪 21 克
膳食纖維 8 克｜熱量 429 大卡
烹調時間：10 分鐘
保存：冷藏 2 天
復熱：加蓋微波｜蒸

蔥燒雞燴飯

香甜可口的雞肉，加上鹹香的高纖芡汁，
不需過於烹煮，就可以保持雞肉的軟嫩，
與蔬菜的脆甜。

淨碳水
3克
(1人份)

食材

雞胸肉 100 克
胡蘿蔔 3 片 10 克
洋蔥絲少許 20 克
蘆筍 3 根 30 克切段
蔥 2 根
蒜末 1 小匙
辣椒 1 根切片
初榨橄欖油 2 小匙
白木耳柴魚芡汁 200 毫升
　（做法參見 P.184）
白花椰菜飯或蒟蒻白飯 1 碗
　（做法參見 P.52）
香菜少許

調味料：
醬油 2 小匙
米酒 1 小匙
蠔油 1 小匙
赤藻糖 2 小匙
鹽少許
白胡椒少許

做法

1. 雞胸肉逆紋切成薄片、蔥分切成蔥白與蔥綠、胡蘿蔔切片。
2. 起油鍋，放入蔥白、蒜末、辣椒、洋蔥絲、胡蘿蔔薄片與蘆筍爆香，加入雞片與調味醬料，略炒約 30 秒至 5 分熟。
3. 放入已加熱的白木耳柴魚芡汁，煮滾 1 分鐘，以鹽調味後即可撒上蔥綠與香菜起鍋。

進食份量：1 碗｜共 1 份
營養成分：
蛋白質 26.8 克｜脂肪 12 克
膳食纖維 7.9 克｜熱量 243 大卡
　（飯未加入計算）
烹調時間：5 分鐘
保存：冷藏 3 天
復熱：加蓋微波｜蒸煮

蠔油牛肉燴飯

白木耳柴魚芡汁搭配牛肉片，口感滑嫩，加上蠔油的香氣，
絕對可以滿足減醣族對中式燴飯的渴望。

淨碳水
5克
(1人份)

食材

菲力牛肉片 100 克
蔥 1 根切段
蒜頭 2 瓣切末
空心菜 100 克
橄欖油 2 小匙
胡蘿蔔五穀飯半碗

醃料：
醬油 1 小匙
米酒 1 小匙
蛋液 1 大匙（約 15 克）
白木耳柴魚芡汁 200 毫升
（做法參見 P.184）

調味料：
醬油 2 小匙
自製沙茶醬 1 大匙（做法參見 P.200 沙茶醬）
赤藻糖 1 小匙
香油少許
鹽少許
黑胡椒少許

做法

1. 使用醃料醃牛肉片至少 15 分鐘。
2. 將五穀米放入電鍋，加上胡蘿蔔絲。
3. 起油鍋，依序加入蔥段、蒜末、醃過的
   牛肉片、胡蘿蔔片、空心菜炒約 2 分鐘，
   加入白木耳柴魚芡汁至滾，再加入調味
   料拌炒均勻，即可淋在預備好的胡蘿蔔
   五穀飯上。

進食份量：1 碗｜共 1 份
營養成分：蛋白質 24 克｜脂肪 15 克
　　　　　　膳食纖維 9 克｜熱量 304 大卡
　　　　　　（不含飯）

烹調時間：10 分鐘
保存：冷藏 3 天
復熱：加蓋微波｜蒸

高纖香辣麻醬麵

只要拿捏好麵條份量並且加入杏鮑菇絲、
銀芽（就是掐頭去尾的綠豆芽），或是蒟蒻絲增量，
就能降低 GI 值，普通麵條也能減醣吃。

淨碳水
15克
(1人份)

食材

家常生麵條一小把 20 克（熟麵條半碗）

手撕燙熟杏鮑菇 1 碗

自製芝麻醬 1 大匙（做法參見 P202. 芝麻醬）

醬油 1 小匙

烏醋少許

鹽少許

蔥花少許

自製油潑辣子醬

（做法參見 P206. 油潑辣子醬）

水波蛋 1 顆

熱水 450 毫升

做法

1. 將杏鮑菇順著莖幹的紋路，一絲一絲地撕
   下，放入熱水鍋燙 1 分鐘。
2. 開水煮滾後，將生麵條煮 5～7 分鐘至熟。
3. 將自製芝麻醬、醬油、烏醋、鹽放入小碗中，
   拌入煮熟的麵條、杏鮑菇絲、水波蛋，撒
   上蔥花。
4. 自製油潑辣子醬，可隨個人喜好調味使用。

進食份量：1 碗｜共 1 份

營養成分：

蛋白質 1.8 克｜脂肪 7 克

膳食纖維 2 克｜熱量 127 大卡

烹調時間：10 分鐘

保存：冷藏 1 天

復熱：立刻食用最佳

奶油煎干貝

香甜的干貝，冷吃熱食都美味。
干貝的優質蛋白質與海鮮鮮美味道，
全家都喜愛。只要煎一下，
撒上好鹽與黑胡椒就能咻咻咻地快速上菜。

淨碳水
4克
(1人份)

食材

生干貝 6 顆約 40 克
奶油 10 克
蒜頭 2 顆切片
黑胡椒少許
鹽少許調味

做法

1. 先將生干貝放在紙巾上吸乾水分。
2. 使用不沾鍋，中小火，加入奶油、蒜片爆香，放入生干貝煎 2 分鐘，翻面煎 1 分鐘，撒上鹽與黑胡椒即可起鍋。

進食份量：3 顆│共 2 份
營養成分：蛋白質 11 克│脂肪 5 克
　　　　　　膳食纖維 0 克│熱量 85 大卡
烹調時間：5 分鐘
保存：冷藏 3 天
復熱：加蓋微波

香蒸肉藕盒

蓮藕低 GI 只有 38，
遠低於白米（GI 84）或吐司（GI 91）。
蓮藕的清香與臘腸絞肉的肉香相得益彰，
而且不怕久蒸，每次多做幾個，將它冷凍保存，
是可快速上菜的低醣宴客菜。

> 淨碳水
> **7克**
> （1人份）

食材

蓮藕薄片 8 片（100 克）
豬絞肉約 1 個拳頭大（100 克）
廣式臘腸 1/2 根切小丁（50 克）
冬菇一小朵泡開剁切成末 1 小匙
太白粉 1 小匙
初榨橄欖油 1 大匙

醃料：
蔥末 1 小匙
紹興酒（或米酒）1 小匙
醬油膏 1 小匙
鹽 1 小撮
水 40 毫升
白麻油少許

做法

1. 將蓮藕切成 0.3 公分薄片，約 8 片，
   泡水備用。
2. 將冬菇末、臘腸丁、豬絞肉與醃料混
   合，用手攪打至有黏性，出現一絲一
   絲的肉纖維毛邊。將它分成 4 份，揉
   圓成肉丸子。
3. 藕片撒上太白粉，將兩片藕片中夾一
   個肉丸子，壓實並整形成肉藕盒。
4. 將藕盒放入容器中加蓋，置入電鍋，
   外鍋加入 1 杯半的水蒸熟。
5. 取出蒸熟藕片，將藕片在炒鍋中煎一
   下，當兩面都帶有焦色之後起鍋盛
   盤，並淋上蒸出醬汁。

進食份量：2 個｜共 2 份
營養成分：
蛋白質 1 克｜脂肪 11 克
膳食纖維 2 克｜熱量 131 大卡
烹調時間：30 分鐘
保存：
密封冷藏 3 天｜冷凍 1 週
復熱：加蓋微波｜蒸

減醣肉燥

每次回到台南娘家，對於鹹香甘甜、吃得到肉絲口感、入口即化的手切肉燥飯，完全沒有抵抗力。它可拌麵、拌飯，再加上鴨蛋、清燙綠花椰菜，就是減醣便當的美味組合。

淨碳水
0克
(1人份)

食材

豬五花肉 1 條（300 克）、紅蔥頭切末 2 大匙
水 400 毫升、鹽少許

滷製調味料：

胡蘿蔔泥冰塊 2 大匙（做法參見 P.34）、米酒 100 毫升、白胡椒粉 1 小匙、五香粉 1/5 小匙、香葉 1 片、醬油 2.5 大匙

做法

1. 將豬肉條冷凍 1 小時（略硬即可），分切成 1 公分 x 1 公分小丁。
2. 將豬肉丁放入鍋中，加入調味料，以中小火爆香至豬肉出油，倒出多餘的油脂，去除肉腥味。
3. 加水煮開後，蓋上鍋蓋，以文火燉煮 1 小時，即可食用。

進食份量： 2 大匙（30 克）｜共 10 份
營養成分： 蛋白質 2 克｜脂肪 8 克
　　　　　　　膳食纖維 0 克｜熱量 86 大卡
烹調時間： 70 分鐘
保存： 冷藏 1 週｜冷凍 2 週
復熱： 加蓋微波｜蒸

無醣肉鬆

一般肉鬆含醣量一大匙是 6～7 克，
使用赤藻糖或是低GI的椰子花蜜糖製作的肉鬆，
含醣量較低，不添加防腐劑，風味更佳。

淨碳水
0克
（1人份）

食材

豬後腿肉去除筋膜取 1500 公
克，切成 3 公分厚度
薑切片 5 片
米酒 150 毫升
清水 600 毫升
初榨橄欖油 6 大匙
芝麻 3 大匙

調味料：
醬油 7 大匙
椰子花蜜糖（或赤藻糖）4 大匙

器具：
擀麵棍
食物調理機
烤箱

做法

1. 把肉、薑片、米酒與清水放入一般深鍋裡，開小火煮 2 小時，直到肉絲鬆軟。（使用壓力鍋亦可，水需要醃過肉塊且烹煮半小時）
2. 把肉取出瀝乾放涼（高湯要保存），使用擀麵棍將肉擀平、敲扁，用食物調理機打碎。
3. 把碎肉、50cc 高湯、調味料拌勻，放入方形烤盤，置入烤箱，以 90 度烤 70～100 分鐘。每 15 分鐘把烤盤拿出翻一翻，直到肉碎沒有水氣。
4. 把碎肉放入炒鍋，加 1 大匙油，炒到油完全吸收，成品才會鬆軟好吃，否則會變成肉酥。

進食份量：2 大匙 22 克｜20 份
營養成分：
蛋白質 7 克｜脂肪 5 克
膳食纖維 0 克｜熱量 73 大卡
烹調時間：3～5 小時
保存：冷藏 15 天｜冷凍 3 週
復熱：不需復熱

豬肉韭菜無麵粉蒸餃

使用豆皮代替麵皮，不僅美味，也能降低醣分。
豆包的豆味濃郁，加上豬肉、韭菜的辛香，自然鮮甜又可口。
它富含蛋白質與大豆異黃酮，且近乎無醣，
是適合女性的低醣好食材。

淨碳水
1克
(1人份)

食材

生豆包 1 盒（或 20x20 公分腐皮 4 片）
白木耳 1 小朵（10 克）
鮮蝦仁 4 隻
香菜適量

餡料：
7 分瘦、3 分肥的絞肉 400 克
高麗菜末 1 碗（100 克）
韭菜 1 根切末
薑末 2 小匙
蔥末 2 大匙
米酒 1 大匙
鹽少許
醬油 2 大匙
白芝麻油（或香油）少許

做法

1. 將餡料放入碗中用手攪拌均勻，味道不夠的話用鹽調味。再用手往同方向攪打肉餡出毛邊，不需加上粉類，就會有自然的黏性。
2. 將豆皮在烘焙紙上攤開，兩側各留 2 公分邊，在靠近身體這一側，鋪上鮮蝦 1 隻、130 克的豬肉韭菜餡，兩側留邊往裡包入，將豬肉餡向前捲成長條狀，開口向下放入蒸盤。
3. 將豬肉韭菜豆包與白木耳放入電鍋，外鍋加入 1 杯水蒸熟取出，放入餐盤中。
4. 將蒸出湯汁連同白木耳放入調理機打成芡汁，淋在豆包上，再撒上香菜即可。

進食份量：1 條｜共 4 份
營養成分：
蛋白質 23 克｜脂肪 10 克
膳食纖維 2 克｜熱量 186 大卡
烹調時間：20 分鐘
保存：蒸好冷藏 3 天｜冷凍 2 週
復熱：加蓋微波｜蒸

上海蔥燬豬腩

這是上海婆婆教我做的傳統家常菜，所謂「燬」是江浙菜特有的烹調手法，用醬油、糖、酒以小火慢慢燜煮使其軟爛入味，像是蔥燬排骨、蔥燬鯽魚、燬麩，完整呈現滬菜濃油赤醬的特色。我將它減醣改良後搭配青蔥泥與胡蘿蔔，香甜可口又耐蒸，是便當、宴客都適宜的常備菜。

> 淨碳水
> **0克**
> （1人份）

食材

豬小排（豬腩排）切塊 600 克、蔥 300 克切段、青蔥泥冰塊 2 小塊解凍、胡蘿蔔泥冰塊 2 小塊解凍（做法參見 P.34）、醬油 2 大匙、米酒 2 大匙、水 1000 毫升、鹽少許、初榨橄欖油 2 小匙、綠蔥絲少許泡水

做法

1. 在湯鍋中加入初榨橄欖油，將肉煸出油取出，接著加入蔥煸至焦香。
2. 同鍋中加入青蔥泥與胡蘿蔔泥煸出甜香。
3. 將肉、酒、醬油、水放入鍋中，使用小火慢慢燬至所有水分收乾，即可撒上蔥絲起鍋。

進食份量：80 克｜共 4 份
營養成分：蛋白質 7 克｜脂肪 10 克
　　　　　　　膳食纖維 0 克｜熱量 118 大卡
烹調時間：90 分鐘
保存：冷藏 7 天｜冷凍 2 週
復熱：加蓋微波｜蒸

古早味豬排

小時候便當裡那片母親親手做的、
帶著淡淡五香與蒜香的台式煎豬排，
是各式各樣外賣的炸豬排
都比不上的懷舊滋味！

> 淨碳水
> **1克**
> （1人份）

食材

豬大排去骨 4 片
初榨橄欖油 2 大匙

醃料：
蒜頭 1 顆切片
醬油 2 大匙
蛋液 1 顆
五香粉少許（可不加）
酒 2 大匙
粗地瓜粉 1 大匙
（生酮飲食者，可不加地瓜粉）

做法

1. 把醃料攪拌均勻，抹在每片排骨上面，至
   少醃製 20 分鐘。
2. 中火起油鍋，把豬排兩面煎熟即可起鍋。

進食份量： 1 片｜共 4 份
營養成分： 蛋白質 22 克｜脂肪 22 克
　　　　　　　膳食纖維 0 克｜熱量 290 大卡
烹調時間： 20 分鐘
保存： 醃好生肉冷藏 3 天｜冷凍 1 週
復熱： 微波｜烤

客家滷蹄膀

身為客家女兒的我，最懷念阿婆的手路菜。
使用氣炸鍋或是烤箱先把含飽和脂肪的豬油逼出，
再用鑄鐵鍋或是陶鍋進行滷製，鹹香滑嫩；
若搭配上一碗蒟蒻飯，減醣減油，依舊享受。

淨碳水
0克
(1人份)

食材

豬蹄膀一隻去骨，約 600 克
蒜苗 2 支（或蒜頭 4 瓣）
醬油 4 大匙
米酒 2 杯
水適量
赤藻糖 1 大匙

做法

1. 使用氣炸鍋以 200 度將蹄膀烤 10 分鐘。
2. 除了赤藻糖以外，將所有材料放入陶鍋（萬用鍋或鑄鐵鍋），水需醃過所有食材，用小火熬 2 小時。或是使用大同電鍋，內鍋加蓋，外鍋放 2 杯水，等電鍋跳起後，加入赤藻糖再燜 2 小時，分切成小塊即可食用。

進食份量：100 克約手掌大小｜共 6 份
營養成分：蛋白質 21 克｜脂肪 30 克
　　　　　　膳食纖維 0 克｜熱量 354 大卡
烹調時間：120 分鐘
保存：冷藏 3 天｜冷凍 1 週
復熱：蒸

瑞典肉丸佐無醣薯泥

使用豬肉加上牛肉製成的瑞典肉丸，
鮮香肉汁加上白花椰菜做的薯泥，
還有自製的蔓越莓果醬，
就是一道經典的瑞典風味餐！

淨碳水
1.5克
(1人份)

食材

瑞典肉丸：
豬絞肉 200 克（絞最細並絞兩遍）
牛絞肉 200 克（絞最細並絞兩遍）
嫩豆腐 1/4 過篩
蒜粉 1 小匙
肉豆蔻粉 1/2 小匙
洋香菜 1/2 大匙
鹽 1/3 小匙
蛋白 1 顆
Ａ 1 醬少許

肉汁：
鮮奶油 100 毫升
洋車前籽粉 1 小匙
Ａ 1 醬少許

花椰菜薯泥：
花椰菜切末 200 克
蒜末少許
起司片 1 片
蘑菇 1 朵切片
初榨橄欖油 1 大匙
鹽少許
雞高湯適量（開水亦可）

做法

1. 將肉丸食材放入調理碗中，與手同方向攪打至起毛邊、滑順、有黏性，再用手捏成小肉丸。
2. 起油鍋，將小肉丸放入煎鍋中煎熟定型起鍋。在同鍋中加入鮮奶油、Ａ 1 醬煮滾，撒上少許洋車前籽粉及鹽即可起鍋。
3. 將花椰菜末用 100 毫升水煮滾，加入其他材料煮熟後瀝乾放入調理機，用水打成喜愛的稠度並呈現薯泥狀。

進食份量： 100 克｜共 4 份
營養成分：
蛋白質 21 克｜脂肪 46 克
膳食纖維 1 克｜熱量 506 大卡
烹調時間： 120 分鐘
保存： 冷藏 3 天｜冷凍 1 週
復熱： 蒸

照燒雞腿排

不加糖一樣可以燒出香甜的照燒醬，
加上軟嫩入味的雞腿排，一定要試試看！

淨碳水
2克
(1人份)

食材

去骨雞腿排 2 個約 300 克
胡蘿蔔泥 3 大匙（做法參見 P.34）
蔥泥 3 大匙
薑片 1 片
醬油 3 大匙
米酒 1 大匙
味醂 1 小匙
水適量

做法

將雞皮朝下，放入不沾鍋，以中小火煎出油，
接著放入薑片、胡蘿蔔泥、蔥泥、醬油、米酒、
味醂及水淹過食材，燉煮至水收乾即可。

進食份量：一隻腿排｜共 2 份
營養成分：蛋白質 28 克｜脂肪 20 克
膳食纖維 0 克｜熱量 300 大卡
烹調時間：20 分鐘
保存：冷藏 3 天｜冷凍 1 週
復熱：微波｜蒸

秋刀魚甘露煮

誰說貴的魚比較健康？秋刀魚還有鯖魚裡面的抗發炎好油脂，名列前茅。甘露煮的日式手法，鹹鹹甜甜，很適合重口味的魚，試試看不加糖一樣燒出香甜的小撇步。

淨碳水
1克
（1人份）

食材

秋刀魚 2 尾（約 300 克）
胡蘿蔔泥 3 大匙（做法參見 P.34）
蔥泥 3 大匙
薑片 1 片
醬油 3 大匙
米酒 1 大匙
水適量
赤藻糖 1 小匙

做法

1. 將將秋刀魚去頭尾，清除內臟，每尾切成兩段放入湯鍋中。
2. 在鍋內放入薑片、胡蘿蔔泥、蔥泥、醬油、米酒及水淹過食材，中小火燉煮至水快收乾，放入赤藻糖即可。

進食份量：2 段｜共 3 份
營養成分：蛋白質 15 克｜脂肪 20 克
　　　　　　膳食纖維 0.5 克｜熱量 245 大卡
烹調時間：40 分鐘
保存：冷藏 3 天｜冷凍 1 週
復熱：微波｜蒸

彩椒紅麴腐乳雞

發酵的腐乳裡面含有益生菌，
有益腸道健康。加上少許糖分，
可當成拌飯小菜，但請酌量使用。

淨碳水
4.2克
(1人份)

食材

一隻大雞腿去骨切成
5 公分丁（250 克）
彩椒 100 克切片
蔥 1 根切段
胡蘿蔔泥 2 大匙
（做法參見 P.34）
紅麴豆腐乳 1 塊碾碎
赤藻糖 1 大匙
蒜末 1 小匙
鹽 1 小匙
水 300 毫升

配料：
蔥花少許
香油少許

做法

1. 將彩椒以外的食材放入燉鍋
   中，以文火燉煮至水快收乾
   （約 45 分鐘）。
2. 水快收乾時，拌入彩椒煮至
   水收乾，撒上配料蔥花及白
   麻油。

進食份量：1 碗｜共 2 份
營養成分：
蛋白質 22 克｜脂肪 15 克
膳食纖維 2 克｜熱量 235 大卡
烹調時間：40 分鐘
保存：冷藏 7 天｜冷凍 2 週
復熱：加蓋微波｜蒸

涼拌客家
手撕青蒜雞絲

吃不完的白斬雞、鹽水雞、烤雞都適合
拿來做這道料理，非常符合客家人勤儉
持家的精神。白醋的酸香及青蒜的辛辣
完全襯托出雞肉的鮮甜。

淨碳水
2克
（1人份）

食材

去皮熟雞肉 300 克
青蒜 2 支切絲

調味料：
白醋 1 大匙
醬油 1 小匙
赤藻糖 1 小匙
鹽調味

做法

1. 用手將蒸熟的雞肉順著紋路撕下，寬度大
   約是食指一半寬。如果覺得不好操作，可
   以使用刀具切成手指一半的寬度。
2. 將雞絲與青蒜絲、調味料拌勻即可。

進食份量：1 碗｜共 2 份
營養成分：蛋白質 30 克｜脂肪 13 克
　　　　　　膳食纖維 2 克｜熱量 245 大卡
烹調時間：3 分鐘
保存：冷藏 5 天
復熱：不需復熱

萬用滷包紅燒牛腱

牛肉是很好的蛋白質來源，
富含鐵質與幫助脂肪燃燒的肉鹼。
滷牛腱是冰箱的常備菜，容易計算份量，
帶便當或是做成三明治，料理快速又方便。

淨碳水
3克
(1人份)

食材

牛腱 1200 克
胡蘿蔔泥 5 塊
（做法參見 P.34）
蔥 3 根
薑 3 片
醬油 10 大匙
酒 3 大匙
番茄 2 顆
水 2000 毫升
辣椒隨意

配料：
香油少許
蔥花少許

萬用滷料：
八角 3 顆
肉豆蔻粉少許
肉桂粉少許
香葉 5 片

做法

1. 將牛腱過水汆燙。
2. 將所有食材加入燉鍋中燉 1.5 個小時，煮到筷子可刺穿牛肉即可。

進食份量：
一個手掌大小（100 克）｜共 10 份
營養成分：
蛋白質 21 克｜脂肪 30 克
膳食纖維 0 克｜熱量 345 大卡
烹調時間：90 分鐘
保存：冷藏 7 天｜冷凍 2 週
復熱：不需復熱

117

鹽麴香菇
洋蔥蒸鮭魚

鮭魚含多元不飽和脂肪酸DHA與EPA，
有補腦、護心、抗發炎的功用。
每次孩子快要感冒，或是過敏即將發作時，
三餐我一定會煮魚，
透過食療來預防感冒、改善過敏情況。

淨碳水
2克
(1人份)

食材

鮭魚如手掌大小厚度 1 片
洋蔥絲半碗
香菇 1 朵切片
鹽麴 1 小匙
米酒 1 小匙

做法

將鮭魚抹上鹽麴、米酒，和香菇、洋蔥絲一起
放入電鍋蒸熟即可。

進食份量：1 片｜共 1 份
營養成分：
蛋白質 21 克｜脂肪 15 克
膳食纖維 1 克｜熱量 223 大卡
烹調時間：20 分鐘
保存：冷藏 1 天
復熱：加蓋微波｜蒸

椰奶薑黃咖哩胡椒蝦

薑黃是抗氧化的好食材，
與椰奶及黑胡椒一同烹煮不僅香氣逼人，
也能相互調和。椰奶屬涼性，
能夠緩和咖哩的燥熱，發揮抗氧化作用。

淨碳水
5克
（1人份）

食材

大蝦仁 16 隻
椰奶 1 杯（180 毫升）
洋蔥絲半杯

調味料：

薑黃粉 1 小匙　　　　　　初榨椰子油 1 大匙
咖哩粉 3 大匙　　　　　　蠔油 1 小匙
青蔥 1 支切末　　　　　　椰子花蜜糖或赤藻糖 1 小匙
胡椒少許　　　　　　　　水 100 毫升
　　　　　　　　　　　　鹽少許

做法

1. 以中火熱油鍋、爆香蔥，加入大蝦仁煎至半熟起鍋。
2. 將洋蔥絲先爆香，再加入咖哩粉、薑黃爆香，最後加入椰奶、水與糖煮至濃稠。
3. 將蝦仁加入咖哩醬中煮熟後即可享用。

進食份量：8 隻蝦仁｜共 2 份
營養成分：蛋白質 14 克｜脂肪 25 克
　　　　　　膳食纖維 2 克｜熱量 275 大卡
烹調時間：15 分鐘
保存：冷藏 3 天｜冷凍 1 週
復熱：加蓋微波｜蒸

酒香松花溏心蛋

蛋類是完全蛋白質，營養豐富且脂肪含量低，是減醣者補充蛋白質的必備食材，加上料理多樣化，因此經常出現在我家的餐桌上。酒能去除蛋腥味，有提味效果，並且能夠保鮮。

> 淨碳水
> **0克**
> (1人份)

食材

新鮮中型雞蛋 10 顆、鹽 1 大匙、白醋 1 小匙
紹興酒 30 毫升

醃製醬汁：
醬油 3 大匙、枸杞 1 小匙、赤藻糖 1 小匙、水 350 毫升

做法

1. 先將醬汁煮滾冷藏，冰涼後加入紹興酒。
2. 將蛋置於大漏勺中，放入加了水、鹽與醋煮沸的鍋子裡。將火力轉成中火，煮 4 分半鐘，邊煮邊使用鍋杓輕輕攪動蛋，使蛋黃不沉底。
3. 將蛋取出放入冰水中冰鎮，並將蛋殼均勻地敲出裂痕，放入醬汁中，在冰箱醃製 2 天以上，要吃時剝殼即可。

進食份量：1 顆 | 共 10 份
營養成分：蛋白質 7 克 | 脂肪 3 克
膳食纖維 0 克 | 熱量 55 大卡
烹調時間：5 分鐘
保存：冷藏 8 天
復熱：不需復熱

櫻花蝦玉子燒

玉子燒料理，冷吃熱吃都很可口！

食材

蛋 3 顆
櫻花蝦 2 小匙
蔥 1 根
柴魚高湯 30 毫升
赤藻糖 1 小匙
初榨橄欖油 2 小匙

做法

1. 除了櫻花蝦與油,將所有食材打入蛋中並攪拌均勻。
2. 使用不沾鍋倒入初榨橄欖油 1 小匙潤鍋,倒入 1/3 蛋液,用筷子攪拌。當蛋呈半熟狀態時,使用煎鏟將鍋子前端蛋皮慢慢向後捲成玉子燒蛋捲,再將整個蛋捲推向煎鍋前端。
3. 將 2/3 蛋液倒入鍋中,用煎鏟向後捲成蛋捲,再次推向前方。
4. 最後一次,將剩下的櫻花蝦鋪在鍋子上,再倒入蛋液,重複步驟 2. 就可以煎出櫻花蝦在上方的漂亮玉子燒。

進食份量:1 份 60 克│共 3 份
營養成分:蛋白質 10 克│脂肪 15 克
                膳食纖維 0 克│熱量 112 大卡
烹調時間:10 分鐘
保存:冷藏 7 天
復熱:加蓋微波│蒸

客家韭菜花
杏鮑菇炒蛋

我通常把一鍋炒的菜色當作一人享用的簡便午餐。蔬菜跟菇類含有膳食纖維，加上蛋白質與好油，營養豐富。俗話說：「夏吃蘿蔔，春食韭」，春天的韭菜新鮮嫩綠，加上杏鮑菇與蛋，以及少許調味料，就能吃出蔬菜的清甜滋味。

> 淨碳水
> **3克**
> （1人份）

食材

蛋 3 顆、韭菜花 100 克切小丁、中型杏鮑菇 1 根 100 克切丁、初榨橄欖油 1 大匙、鹽少許、白胡椒粉少許

做法

1. 起鍋，將蛋打勻加鹽拌炒，等到炒出蛋香後取出。
2. 在鍋中加入杏鮑菇丁與鹽少許，炒至杏鮑菇出水。
3. 加入蛋、韭菜丁略炒，撒上鹽與白胡椒調味。

進食份量：1 碗｜共 3 份
營養成分：蛋白質 8 克｜脂肪 5 克
　　　　　　膳食纖維 1 克｜熱量 81 大卡
烹調時間：5 分鐘
保存：冷藏 1 天
復熱：加蓋微波

三色南瓜起司球

南瓜GI值只有66，是白米的一半，
纖維含量高，是優質澱粉主食。
清新的南瓜與醇厚的起司，口感鬆軟又香濃，
一次多做一點，冷凍保存，
復熱當作便當菜一樣美味。
它的配色豐富，讓孩子打開便當的時候，
滿是驚喜！

淨碳水
13克
（1人份）

食材

南瓜切小塊，約 1 碗份量
起司片 1 片
客家茴香末 1 大匙
海苔粉 1 大匙
白芝麻 1 大匙
冷壓南瓜籽油少許

做法

1. 將南瓜切成薄片放入大同電鍋蒸熟後壓軟，就成為
   南瓜泥。
2. 將起司片切小片，趁熱拌入南瓜泥中。
3. 南瓜泥分成 6 小顆，手沾點油，將南瓜泥搓成球狀，
   冷卻定型。
4. 將定型的南瓜球沾上茴香末、白芝麻及海苔粉即可
   食用。

進食份量：3 顆｜共 2 份
營養成分：蛋白質 3 克｜脂肪 10 克
　　　　　　膳食纖維 2 克｜熱量 188 大卡
烹調時間：25 分鐘
保存：冷藏 3 天｜冷凍 2 週
復熱：加蓋微波｜蒸

敏豆甘薯
檸檬溫沙拉

澱粉類蔬菜冷吃或加上醋、檸檬都有降低血糖震盪的作用。一年四季都吃得到的敏豆又脆又嫩又厚又甜，與甘薯澱粉的香甜、檸檬汁的酸融合在一起，滋味豐富，加上檸檬皮絲有提味效果，更是令人齒頰留香！

> **淨碳水**
> **7克**
> (1人份)

食材

敏豆 1 碗約 100 公克、甘薯去皮切小塊半碗約 55 公克、初榨橄欖油 1 大匙、水 30 毫升

調味料：

檸檬汁 1/4 顆量、檸檬皮切絲少許、天然鹽少許

做法

1. 將甘薯切小塊蒸熟、敏豆泡水洗淨去除筋絲，切段。
2. 檸檬擠汁、檸檬皮去除白膜切絲。
3. 鑄鐵鍋加熱，加上水及油，放入敏豆蒸煮至水收乾。
4. 將敏豆盛盤，用鹽調味，加入冷藏後的甘薯，並淋上檸檬汁即可。

進食份量：1 碗｜共 2 份
營養成分：蛋白質 1 克｜脂肪 7 克
　　　　　　膳食纖維 1.5 克｜熱量 95 大卡
烹調時間：5 分鐘
保存：冷藏 2 天
復熱：加蓋微波｜蒸

香辣崩山豆腐

崩山豆腐名為崩山，指的是豆腐形狀像是從山落下的石頭，不需方方正正。豆腐富含植物性蛋白質、大豆異黃酮及植物固醇，花椒可利水去濕。這道減醣料理口感麻辣辛香，十分開胃！

淨碳水
1克
(1人份)

食材

板豆腐 1 盒約 240 克
黃豆芽 100 克

醬汁：
醬油 1 大匙
香油 1/2 小匙
花椒粉 1 小匙
八角粉少許
辣豆瓣醬 1/2 大匙
赤藻糖 1 大匙
辣油 2 小匙
蔥末、香菜少許
雞高湯或水 500 毫升

做法

1. 將醬汁攪勻煮滾備用。
2. 起一鍋水，將黃豆芽煮 10 分鐘，豆腐過水燙熱。
3. 在碗裡鋪上黃豆芽，用湯匙將豆腐撥成數小塊，拌入醬汁，撒上蔥末、香菜即可。

進食份量： 1 份｜共 2 份
營養成分：
蛋白質 8 克｜脂肪 7 克
膳食纖維 2 克｜熱量 99 大卡
烹調時間： 10 分鐘
保存： 密封冷藏 5 天
復熱： 加蓋微波｜蒸

自製雞蛋豆腐

原本以為軟嫩的雞蛋豆腐不容易製作，
其實只要按照幾個簡單步驟，就能快速上桌。
把雞蛋豆腐使用好油煎得金黃，沾上蒜蓉醬油，
就是名菜老皮嫩肉。
煎好後淋上各式無澱粉勾芡，風味更佳！

> 淨碳水
> **1克**
> （1人份）

食材

雞蛋 3 顆
豆漿 330 毫升
鹽少許
初榨橄欖油少許

容器：
700 毫升耐熱玻璃便當盒

做法

1. 將雞蛋、豆漿與鹽打勻、過篩 2 次。
2. 在便當盒滴入少許橄欖油，將蛋液倒進盒中，上方以鋁箔紙蓋住，避免水氣滲入蛋裡。
3. 將便當盒放入電鍋（用竹筷將鍋蓋露出縫隙，避免蒸氣太多，蒸蛋變成蜂窩狀），外鍋加一杯水，電鍋跳起後即可脫膜食用。

進食份量：170 克｜共 3 份
營養成分：蛋白質 11.5 克｜脂肪 7 克
膳食纖維 0 克｜熱量 113 大卡
烹調時間：20 分鐘
保存：冷藏 4 天
復熱：蒸｜煎

泡菜納豆起司包

納豆是黃豆發酵後的產物，
裡面的納豆激酶(Nattokinase)對於改善心血管阻塞有幫助，
納豆獨特的發酵味道有時讓人無法接受，
與泡菜、起司、香酥腐皮一起食用，口味更升級。

淨碳水
1克
（1人份）

食材

大圓形乾腐皮半張分切
成 2 片
韓式泡菜 40 克切碎
納豆 2 大匙用刀背壓碎
市售方形起司 2 片

做法

1. 將腐皮攤開，在腐皮近身邊的
   中段擺上起司片，並且起司
   下方邊緣對齊腐皮邊緣，在
   起司片上疊上納豆碎、泡菜
   末。如同包春捲一樣，將腐
   皮左右兩端往內折後，往外
   前方轉包成圓條狀如同春捲。
2. 在不沾鍋滴入少許油潤鍋，
   將泡菜納豆起司包放入鍋中
   兩面煎至金黃色即可。

進食份量： 1 包｜共 2 份
營養成分：
蛋白質 7 克｜脂肪 5 克
膳食纖維 1 克｜熱量 79 大卡
烹調時間： 10 分鐘
保存： 冷藏 4 天｜冷凍 1 週
復熱： 加蓋微波｜烤

雪菜毛豆燒腐皮

這是江浙人的家常小菜,
雪菜的鹹鮮加上毛豆與腐皮的醇厚豆香,
不管是搭配無米清粥、單獨吃,都好吃!

淨碳水
3克
(1人份)

食材

雪菜半把切丁
(200 克)
毛豆半碗
腐皮半碗
辣椒 1 條切丁
鹽少許
中式火腿雞高湯 50cc
初榨橄欖油 1 小匙

做法

1. 將雪菜切丁,腐皮切成 5 公分小片。
2. 起油鍋,放入雪菜炒一下,再加入
   其他食材以中小火烹煮 5 分鐘,加
   鹽調味即可盛盤。

進食份量:1 碗|共 2 份
營養成分:
蛋白質 8 克|脂肪 5 克
膳食纖維 2 克|熱量 89 大卡
烹調時間:5 分鐘
保存:冷藏 7 天
復熱:加蓋微波|蒸

櫛瓜偽炒麵

只要改變櫛瓜的切法，口感與義大利麵非常相似，
減醣卻可唏哩呼嚕吃麵無負擔。

淨碳水
0.9克
(1人份)

食材
***

黃、綠櫛瓜各 1 根，共
200 克
蘑菇 100 克切片
蒜頭 2 顆切片
初榨橄欖油 2 大匙
義式香料粉適量
黑胡椒適量
鹽少許調味

做法
***

1. 將櫛瓜使用刨刀刨成長寬麵
   條狀。
2. 中火起油鍋，放入蒜片爆香，
   加入洋菇片、櫛瓜寬麵條，
   撒上一點鹽拌炒至櫛瓜出水
   變軟，撒上香料粉與黑胡椒
   即可。

進食份量：1 盤｜共 2 份
營養成分：
蛋白質 2 克｜脂肪 15 克
膳食纖維 1 克｜熱量 148.6 大卡
烹調時間：10 分鐘
保存：密封冷藏 3 天
復熱：加蓋微波｜微蒸或略烤

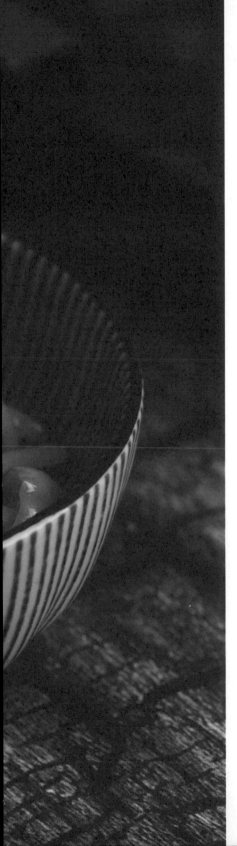

銀芽三彩

維生素C可以幫助抗氧化及發炎,而彩椒的維生素C含量可是柳橙的2倍多!綠豆芽去除頭尾就是雪白銀芽,和彩椒簡單拌一拌,就是色香味美的可口小菜。對我來說,這也是一道在宴客與年節時非常討喜、簡單易做的料理。

> 淨碳水
> **3克**
> (1人份)

食材

綠豆芽 2 碗(200 克)、小型青椒 1/4 個(50克)、小型紅椒 1/4 個(50 克)、小型黃椒 1/4 個(50 克)、鴻喜菇 1/4 包(30 克)

調味料:

白芝麻油 1 小匙、鹽少許、黑胡椒少許

做法

1. 綠豆芽去頭尾、彩椒去除內部白膜與蒂頭,切成細絲;鴻喜菇去除蒂頭洗淨。
2. 起一鍋水煮沸後放入鹽,先燙鴻喜菇15秒,再放入彩椒與綠豆芽 5 秒(避免維生素 C 流失)即可起鍋。
3. 在調理盆中放入調味料拌勻即可盛盤。

進食份量:1 盤|共 4 份
營養成分:蛋白質 3 克|脂肪 0 克
　　　　　　膳食纖維 3 克|熱量 30 大卡
烹調時間:3 分鐘
保存:冷藏 3 天
復熱:不需復熱

尖椒醬白筍

俗稱「美人腿」的白嫩茭白筍，使用醬燒方式烹煮，
不僅香氣濃厚，更能襯托茭白筍的鮮甜多汁。
想要減醣又能呈現醬燒的鹹甜風味，
秘訣是使用紅蘿蔔泥的天然甜味，不需加精製糖，
也能散發出自然的香甜。

淨碳水
4克
(1人份)

食材

茭白筍 5 支
糯米椒 5 根
薑 1 片
紅辣椒 1 根
米酒 1 小匙
初榨橄欖油 2 大匙
水 300 毫升

調味料：
辣豆瓣醬 1 大匙
胡蘿蔔泥凍 2 塊（做法參見 P.34）
醬油 1 小匙
鹽少許
胡椒粉少許

做法

1. 糯米椒去籽切 5 公分段、辣椒去籽切片備
   用、茭白筍去殼並削去外皮，切成大塊，
   再用刀面拍裂，方便入味。
2. 以中小火起油鍋，放入薑片、豆瓣醬炒至
   香氣溢出，放入辣椒、糯米椒、茭白筍塊
   略炒，加入酒、醬油、水與胡蘿蔔泥凍煮
   至水收乾。

進食份量： 1 盤│共 4 份
營養成分： 蛋白質 2 克│脂肪 7.5 克
　　　　　　　膳食纖維 2 克│熱量 92 大卡
烹調時間： 15 分鐘
保存： 冷藏 7 天│冷凍 1 週
復熱： 加蓋微波│蒸

配
菜

鹽麴三蔬

蘑菇、青花菜與玉米筍都是耐煮耐放的蔬菜，
鹽麴能夠防腐保鮮，更能提出蔬菜的甜味，
是我在廚房裡經常使用的調味品。

淨碳水
2克
（1人份）

食材

蘑菇 5 小朵泡開
玉米筍 3 條切厚片
青花菜 1 碗（100 克）
薑絲少許
鹽麴少許
初榨橄欖油 1 小匙
水 50 毫升

做法

1. 蘑菇泡開，青花菜削去粗硬外皮，切成可入口的小塊，再將玉米筍切厚片。
2. 以中小火起油鍋，爆香薑絲，再將蔬菜放入炒鍋略炒，加入水，蓋上鍋蓋，燜煮至水收乾，撒上鹽麴即可盛盤。

進食份量：1 盤｜共 2 份
營養成分：蛋白質 2 克｜脂肪 2.5 克
　　　　　　膳食纖維 3 克｜熱量 30.5 大卡
烹調時間：5 分鐘
保存：冷藏 3 天
復熱：加蓋微波｜蒸

家常炒三絲

木耳與芹菜富含水溶性纖維，
不僅口感爽脆，也容易有飽足感。
煙燻豆皮特有的煙燻味，
加上芹菜、香菜、麻油調和出醇厚香氣，
越吃越入味！

淨碳水
2克
（1人份）

食材

芹菜1碗（1碗100克）
胡蘿蔔絲 1/3 碗（20
克）
煙燻豆皮絲半碗
木耳絲 1/3 碗（15克）
薑絲少許
香菜少許
初榨橄欖油 1 大匙
香油 1 小匙
水少許
鹽少許

做法

1. 將芹菜去葉切 5 公分段、胡
   蘿蔔刨絲、煙燻豆皮洗淨切
   絲、木耳切絲。
2. 起油鍋，倒入薑絲爆香，再
   放入胡蘿蔔絲、豆皮絲、木
   耳絲，加入少許鹽及水，燜
   炒至水收乾，加入芹菜、香
   油以及鹽調味即可盛盤。

進食份量：1 碗｜共 2 份
營養成分：
蛋白質 3 克｜脂肪 5 克
膳食纖維 2 克｜熱量 69 大卡
烹調時間：5 分鐘
保存：冷藏 7 天
復熱：加蓋微波｜冷吃

櫻花蝦蘆筍

櫻花蝦含有豐富的鈣質，是牛奶的6倍；此外它也含有蝦紅素，是類胡蘿蔔素的一種，具有抗氧化功能。而櫻花蝦特有的濃郁香氣，加上淡淡的檸檬酸，更能襯托蘆筍的鮮甜。

淨碳水
2克
（1人份）

食材

蘆筍 300 克

櫻花蝦 1 大匙

蒜頭 1 瓣切末

初榨橄欖油 1 小匙

海鹽少許

水 100 毫升

檸檬角 1/6 片

白芝麻少許

做法

1. 將蘆筍莖部去除老絲切段，櫻花蝦泡熱水去除雜質後瀝乾備用。

2. 以中小火熱油鍋，放入蒜末、櫻花蝦爆香後，加入蘆筍、水及鹽，蓋上鍋蓋，以中小火煮至水收乾，擠入檸檬汁即可起鍋。

進食份量：1 碗｜共 3 份

營養成分：蛋白質 1 克｜脂肪 5 克
　　　　　　膳食纖維 3 克｜熱量 63 大卡

烹調時間：5 分鐘

保存：冷藏 2 天

復熱：加蓋微波

胡蘿蔔橙汁沙拉

常常有人以為減醣飲食不能吃水果，其實只要遵守份量原則，
多吃高纖維的水果就可以喔！
橙汁的酸香加上孜然甜香，以及胡蘿蔔帶有土地的甜味，
層次分明，搭配任何肉類主菜都是完美的一餐。

淨碳水
5克
(1人份)

食材

胡蘿蔔絲 5 碗 （500 克）
柳橙 1 顆取出果肉

調味料：
孜然粉 3 小匙
海鹽少許
初榨橄欖油 1 大匙
香菜少許

做法

1. 將柳橙去皮，切成一片一片的圓形，再沿著白色瓣膜切 4 刀，使果肉成扇形備用。
2. 將胡蘿蔔削皮刨絲，放入鍋中煮大約 3 分鐘後起鍋瀝乾。
3. 將胡蘿蔔絲、橙瓣用香菜以外的調味料拌勻，放入冰箱冷藏，要吃時撒上香菜即可。

進食份量：半碗｜共 5 份
營養成分：蛋白質 1 克｜脂肪 3 克
膳食纖維 3 克｜熱量 57 大卡

烹調時間：5 分鐘
保存：冷藏 3 天
復熱：不需復熱

火腿起司吐司三明治佐熱紅茶

週末有空時，我會使用杏仁粉、椰子粉製作無澱粉吐司，
雖然少了澱粉，一樣鬆軟可口。減醣100%的三明治麵包，
是我最喜歡的吐司早餐，裡面也可夾無糖花生醬、自製的莓果醬，
鹹中帶甜，且不會使血糖飆高。

淨碳水
4克
(1人份)

食材

椰子粉 1 大匙（8 克）
杏仁粉 3 大匙（24 克）
初榨橄欖油 4 大匙
起司絲 1 大匙
雞蛋 2 個
泡打粉 1 小匙
鹽少許

內餡：
美乃滋 1 大匙
生菜適量
火腿片 2 片
艾曼塔起司（elemental cheese）2 片
大番茄片兩片

飲品：
紅茶茶包 1 個
熱開水 1 杯
甜菊糖或赤藻糖 1 大匙

做法

1. 在中型碗中，將食材打至均勻成杏仁麵糊狀。
2. 將杏仁麵糊鋪平在塗有油脂的玻璃餐盒微波 90 秒，直到全部固化有彈性，中心也無糊狀。可插入一根牙籤看看是否沾黏，如果有的話，多微波 10 秒，直到無糊狀物。
3. 塗抹美乃滋，鋪上生菜與番茄、起司與火腿。
4. 將紅茶包加水，加上赤藻糖 1 大匙。

進食份量：1 份｜共 2 份
營養成分：蛋白質 12 克｜脂肪 15 克
膳食纖維 1 克｜熱量 183 大卡
烹調時間：3 分鐘
保存：冷藏 3 天｜冷凍 1 週
復熱：加蓋微波 15 秒

減醣堅果吐司

使用麵包機做的減醣全麥吐司，
保有麵粉口感與小麥香氣，
但是減醣50%又高纖更健康，口感外脆內軟，
很適合家中有孩子與長輩的家庭當作早餐或點心享用。

淨碳水
13克
(1人份)

食材

高筋麵粉 120 克、全麥麵粉 80 克、堅果碎 20
克（美國杏仁、胡桃、亞麻仁籽皆可）、赤藻糖
30 克、岩鹽 3 克、室溫優酪乳 180 克（因為各
家麵粉吸水量略有不同，請多準備 20 克備用）、
低糖酵母粉 2 小匙、室溫軟化奶油 5 公克

器具：麵包機

做法

1. 將所有材料，除了奶油以外，依序放入鹽、
   麵粉、糖、優格、酵母，再加入優酪乳，
   以日式麵包模式，攪拌發酵。
2. 如果太乾，呈現一片片的麵片，請一點一
   點加入備用的優酪乳，讓麵粉成乾淨光滑
   麵糰後加入堅果碎及奶油繼續讓麵包機完
   成攪拌、發酵烘烤程序即可。
3. 減醣麵糰，會比較扎實，烤起來會比普通
   麵糰小一些。

進食份量：1 ～ 2 片｜請分切 12 片
營養成分：蛋白質 2.6 克｜脂肪 1 克
　　　　　　膳食纖維 1 克｜熱量 73.4 大卡
烹調時間：120 分鐘
保存：密封冷藏 3 天｜切片後密封冷凍 2 週
復熱：加蓋微波｜蒸或烤

紅寶石酪梨亞麻仁籽吐司

石榴是水果界的紅寶石，富含黃酮、多酚植化素且高纖，是抗發炎好食材，搭配酪梨醬中的好油脂與減醣吐司，最適合作為早餐或是午餐的不發胖輕食。

> 淨碳水
> **15克**
> （1人份）

食材

減醣亞麻仁籽吐司 1 片（參見 P.156，堅果使用亞麻仁籽）
酪梨 50 克
檸檬汁 1 大匙
鹽少許
石榴 1 人匙

做法

1. 酪梨使用湯匙壓成泥狀，加入檸檬汁與少許鹽拌勻成酪梨醬。
2. 石榴剖半，取出裡面紅色石榴籽。
3. 在吐司上抹上酪梨醬，撒上石榴籽即可享用。

進食份量： 1 片
營養成分： 蛋白質 3.4 克｜脂肪 3.4 克
膳食纖維 1.3 克｜熱量 106.8 大卡
烹調時間： 10 分鐘
保存： 密封冷藏 1 天
復熱： 不需復熱

抗發炎薑黃漢堡麵包

一般市售漢堡麵包一個醣分約30克，
但是Vivian研發的薑黃麵包醣分只有14克，減醣50%且高纖，
比一般漢堡麵包更香！加了薑黃的漢堡包，令人垂涎三尺，
只要簡單的醬料與新鮮食材，就能喚醒充滿活力的一天！

淨碳水
11.2克
(1人份)

食材

喜馬拉雅岩鹽 1/2 小匙
高筋麵粉 120 克
全麥麵粉 80 克
亞麻仁籽粉 10 克
(可在雜糧行、超市購得)
薑黃粉 1/2 小匙
室溫無醣優格 180 克
(因為各家麵粉吸水量略有不同，
請多準備 20 克備用)
酵母粉 2 小匙
椰子花蜜糖 1 大匙
初榨橄欖油潤手用

器具：
麵包機

做法

1. 將所有食材除了油以外，放入麵包機中。鹽在最下層，中層是粉類，酵母與糖最上層；酵母跟鹽分開，有利發酵。最後加入優格 180 克。
2. 使用揉麵發酵模式並觀察麵糰是否太乾，一片片地無法成糰。如果太乾請一點一點地加入多預備的優格，使得麵糰成乾淨光滑麵糰。以揉麵、發酵模式，讓麵糰發酵至兩倍大。（也可使用手揉成光滑麵糰，蓋上濕布發酵）
3. 發酵好的麵糰很黏，須用手沾滿橄欖油，才能將發酵好的麵糰取出並整形，並以掌心壓平，排出氣體，使用抹油桿麵棍將麵糰桿成長條狀，切成 10 個小麵糰，每個約 40 克，再次手沾油，用手滾圓麵糰。將每個麵糰放入烤盤中，等待二次發酵。
4. 把麵糰蓋上濕布，二次發酵成兩倍大，視冬夏溫度不同。大致需一小時，發酵完成後放入預熱烤箱。
5. 烤箱預熱 180 度，烘烤約 20 到 25 分鐘。
6. 保存麵包的方式是密封冷凍，要吃的時候再取出噴水蒸或烤 5 分鐘。

進食份量：1 個｜共 10 份
營養成分：
蛋白質 4.4 克｜脂肪 2.4 克
膳食纖維 1.6 克｜熱量 98.4 大卡
烹調時間：180 分鐘
保存：冷藏 3 天｜冷凍 2 週
復熱：加蓋微波｜蒸或烤一下

日式漢堡排

和洋口味的日式漢堡，完美結合豬絞肉與牛絞肉的風味。
以豆腐代替牛奶，使肉質產生多汁且軟嫩的效果，
外皮焦香，內部鬆軟多汁又清爽；
此外豆腐可以讓漢堡不加肥肉也能滑嫩不乾柴，醣分降低。

淨碳水
0克
(1人份)

食材

豬後腿絞肉 100 克
牛五花絞肉 300 克
嫩豆腐半塊過篩（50 克）
蛋半顆打勻
洋蔥末 2 大匙
酒少許
黑胡椒少許
肉豆蔻少許
A1 醬少許
鹽少許
初榨橄欖油 1 大匙
薑黃漢堡麵包一個（參見 P.160）
番茄或喜愛的蔬菜少許
起司一片

醬汁：
水 2 湯匙
料理酒 1 湯匙
味醂 1 湯匙
醬油 1 湯匙
A1 牛排醬油 1 小匙

做法

1. 將所有食材放入調理盆攪打，以順時鐘
   方向打出毛邊，產生黏性。
2. 絞肉團分成 3 份，放在掌心中輕揉成圓
   球狀。
3. 使用不沾鍋，加入初榨橄欖油，將漢堡
   球中間壓扁放入，雙面煎熟。
4. 將醬汁放入鍋中煮滾後，淋在煎好的漢
   堡肉上。
5. 加上番茄或喜愛的蔬菜，與起司夾入薑
   黃漢堡麵包中。

進食份量：1 個｜共 3 份
營養成分：蛋白質 28 克｜脂肪 20 克
　　　　　　膳食纖維 0 克｜熱量 292 大卡
　　　　　　（漢堡肉）
烹調時間：15 分鐘
保存：冷藏 2 天｜冷凍 2 週
復熱：加蓋微波

莓果燕麥麩皮甜粥

燕麥麩皮不僅醣分低，且富含水溶性纖維，
對於降低膽固醇很有幫助。
口感柔軟滑順的甜粥加上莓果的果酸，帶來清新的風味，
是減醣早餐的好選擇。

淨碳水
17克
(1人份)

食材

燕麥麩皮 2 大匙
水 100 毫升
冰牛奶 240 毫升
莓果半碗 5 ～ 8 顆
赤藻糖 2 大匙

做法

1. 在熱水中加上燕麥麩皮、赤藻糖至水滾，
   約 2 分鐘。
2. 加入冰牛奶與莓果，即可享受甜蜜早餐。

進食份量：1 碗｜共 1 份
營養成分：蛋白質 8 克｜脂肪 9 克
　　　　　　膳食纖維 1.3 克｜熱量 183 大卡
烹調時間：5 分鐘
保存：冷藏 2 天
復熱：加蓋微波

法式早餐
蛋奶派佐黑咖啡

淨碳水
3.8克
(1人份)

將簡單營養的蛋奶派做好後冷凍，
在匆忙準備上班、上學的早晨，微波一下，就是一頓美味的早餐。
醣分雖然減少80%，仍然保有派皮的酥鬆與麵粉的細緻口感，
充滿法式風味，讓人一整天都有好心情！

食材

6 吋派皮：
中筋麵粉 3 大匙 20 克、杏仁粉 10 大匙 80
克、無鹽奶油 30 克、鹽巴少許、蛋 1 顆、
冰水 1 小匙、赤藻糖 1 大匙

蛋奶餡：
蛋 1 顆、鮮奶油 80 毫升、牛奶 30 毫升、
乳酪 4 片切絲、火腿 2 片切成丁、洋蔥丁
2 大匙 15 克、櫛瓜絲半碗 50 克（若無櫛
瓜，使用蘑菇也很美味）、初榨橄欖油 1
小匙

調味料：
肉豆蔻粉少許、鹽 1 小匙、胡椒粉少許、
巴西利少許

烤皿：
6 吋烤皿，需鋪上烘焙紙

做法

1. 烤箱預熱 180 度。
2. 將派皮材料混合，麵粉捏成圓形糰狀，
   放在烤皿中央，使用大拇指推勻派皮，
   鋪滿烤皿及其四周（如果麵糰太軟黏，
   請冷凍 20 分鐘再進行）。使用叉子在
   底部叉出一個一個圓孔，防止派皮在烤
   製中凸起。放入預熱好的烤箱，烤 12
   分鐘。
3. 將蛋、牛奶、鮮奶油、乳酪絲與調味料
   放在調理鍋中打勻。
4. 以中小火爆香洋蔥、火腿、櫛瓜絲，並
   倒入蛋奶液中拌勻。
5. 將蛋奶液放入預烤（也稱盲烤）過的派皮
   中，以 180 度烤 20 到 25 分鐘，直到用
   叉子插入中間時無沾黏任何蛋奶液即可。

進食份量：1 份｜共 6 份
營養成分：蛋白質 13 克｜脂肪 20 克
　　　　　　膳食纖維 1 克｜熱量 250 大卡
烹調時間：40 分鐘
保存：冷藏 2 天｜冷凍 1 週
復熱：加蓋微波｜烤

香濃杏仁茶
佐油條脆片

杏仁茶濃郁的口感加上特殊的芬芳，是
適合秋天潤燥的甜湯，不使用米勾芡，
使用木耳芡一樣可以有滑順的口感。

淨碳水
3克
（1人份）

食材

南杏 50 克
赤藻糖 5 大匙
白木耳 30 克
水 1200 毫升
油條 1/3 根切片（20 克）

做法

1. 將杏仁泡水至少 4 小時後瀝乾。
2. 把油條以外的食材加入鍋中煮滾後，蓋上鍋
   蓋，以小火煮 20 分鐘。
3. 將鍋中所有食材放入大馬力的調理機打至細緻
   滑順的濃湯狀，撒上烤過油條片即完成。

進食份量：1 份 250cc｜共 4 份
營養成分：蛋白質 2 克｜脂肪 6 克
　　　　　　膳食纖維 2 克｜熱量 78 大卡
烹調時間：20 分鐘
保存：冷藏 5 天
復熱：加蓋微波｜煮

椰子花蜜優格

簡單無醣的自製優格，不管是使用在烘焙上或是單吃都很美味。我女兒最愛在優格裡撒上一點點的低GI椰子花蜜糖與天然莓果，滋味更豐富。

> 淨碳水
> **5克**
> (1人份)

食材

鮮奶 1 公升
優格菌粉 2 包（或市售優酪乳 1 小瓶）

做法

將優格菌粉倒入牛奶瓶中搖晃均勻，倒入兩個 600 毫升玻璃容器中，放進電鍋保溫一晚。

進食份量：100 毫升｜共 10 份
每份營養：蛋白質 3 克｜脂肪 4 克
　　　　　　膳食纖維 0 克｜熱量 68 大卡（優格）
烹調時間：1 分鐘
保存：冷藏 7 天｜冷凍 2 週
復熱：不需復熱

自製奶油乳酪

自製奶油乳酪準備好放在冰箱裡，
搭配早餐、點心都很方便，
或是拿來做乳酪蛋糕，也超級美味！

淨碳水
0.9克
(1人份)

食材

鮮奶油 3 杯 720 毫升
鮮奶 1 杯 240 毫升
鹽 1 小匙
檸檬汁或白醋 3 大匙

器具：
豆漿棉布

做法

1. 將鮮奶油及鮮奶加熱至鍋邊四周微微沸
   騰，加入糖、鹽溶解後加入醋。小火攪
   拌至水油分離，凝乳出現並浮在上面即
   關火。
2. 將凝乳放入豆漿布中，用豆漿布蓋好，
   取一鍋子裝水增加重量，放置在豆漿布
   上，幫助凝乳釋出水分。
3. 置於冰箱中一夜，即可取出手工自製奶
   油乳酪。大約 350 克。

進食份量： 2 ～ 3 大匙 ｜ 20 份
營養成分： 蛋白質 2 克 ｜ 脂肪 14.8 克
　　　　　　　膳食纖維 0 克 ｜ 熱量 67 大卡
烹調時間： 5 分鐘
保存： 冷藏 7 天
復熱： 加蓋微波 ｜ 蒸

西班牙巴斯克
焦香起司蛋糕

這是2019年被《紐約時報》評選為年度最受歡迎的甜點，
乳香濃郁，口感輕盈，入口就是滿滿的乳酪香甜味。
只需五種材料，不用擔心失手，是不怕燒焦的零失敗點心！
雖然奶油醣分低，但是油脂含量高，
還是要計算每日的熱量，適量食用。

淨碳水
0.2克
(1人份)

食材

自製奶油乳酪 250 克室溫軟化
鮮奶油 120 克室溫
蛋 2 顆需分蛋
赤藻糖 1/2 杯 50 克
椰子細粉 2 大匙（或使用低筋麵粉 2 大匙）
香草精 1/2 小匙（可不加）

器具：
6 吋圓形烤模及烘焙紙
食物調理機
氣炸鍋

做法

1. 將所有食材放入食物調理機中打勻。
2. 在烤模鋪上比烤模還要大的烘焙紙確實
   壓好服貼後，將麵糊倒入烤模中。
3. 氣炸鍋預熱 170 度，再放入烤模烤 20
   分鐘，直到頂部成深焦糖色，裡面仍帶
   有液狀，放涼並冷藏後即可食用。

進食份量：1 個｜共 6 份
營養成分：蛋白質 2.3 克｜脂肪 23.5 克
　　　　　　膳食纖維 0 克｜熱量 221 大卡
烹調時間：30 分鐘
保存：冷藏 7 天｜冷凍 1 週
復熱：室溫享用

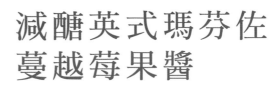

減醣英式瑪芬佐蔓越莓果醬

醣分減少60%，纖維增加4倍的英式瑪芬，可鹹可甜，夾起司，或抹上低醣的蔓越莓果醬，外酥內鬆軟，無論是作為希望控制血糖長輩的早餐或是孩子放學的點心，都非常受歡迎。

> **淨碳水**
> **7克**
> (1人份)

食材

乾料：
中筋麵粉 80 克、杏仁粉 80 克、黃豆粉 60 克、小蘇打粉 1 小匙、鹽少許、赤藻糖 30 克

濕料：
融化奶油 10 克、室溫優酪乳 180 克、蛋一顆打成蛋液、蘋果醋或白醋 30cc

器材：
9 個烘焙紙杯（底徑 5cmx 高度 4cm）

做法

1. 烤箱預熱 180 度。
2. 使用橡皮刮刀將乾料拌勻。另取一碗將濕料拌勻，將乾料倒入濕料中，拌勻成麵糊狀。
3. 將麵糊倒入烘焙紙杯中八分滿，烤 20 分至中心熟透，抹上蔓越莓果醬（做法參見 P.210）。

進食份量：1 個｜共 9 份
營養成分：蛋白質 10 克｜脂肪 7 克
　　　　　　膳食纖維 4.2 克｜熱量 139 大卡
烹調時間：50 分鐘
保存：密封冷藏 3 天｜密封冷凍 7 天
復熱：冰箱冷藏回溫或微波

巧克力蔓越莓
奶油酥餅

減糖餅乾是適合糖癮發作時解饞的零嘴，
可穩定血糖不飆高，也是我維持體重的秘密武器。
無麵粉的濃郁巧克力餅乾，帶著蔓越莓的清新，
柔軟不膩口，老人、小孩都愛吃！

淨碳水
2克
（1人份）

食材

乾料：
杏仁粉 2 杯 200 克
赤藻糖 3 大匙 40 克
烘焙用小蘇打粉 1 小匙
鹽少許

濕料：
室溫軟化奶油
2/3 杯 120 克
室溫蛋液 55 克
香草精 1/2 茶匙

調味與裝飾：
生胡桃或是任何生堅果
20 克切碎
無糖蔓越莓果乾 20 克
純黑巧克力豆 3 大匙

做法

1. 預熱烤箱 180 度。
2. 將所有濕料和粉料混合拌勻，
   放置冰箱冷藏半小時變硬後，
   揉成長條狀，分成 16 份，並整
   形成餅乾圓球。
3. 把調味與裝飾莓果分成 16 分，
   均勻壓入 16 個餅乾圓球上，並
   壓扁成手掌厚度，放進烤箱烘
   焙 10 分鐘。
4. 剛烤完的餅乾非常軟，需要完
   全放涼後才會變酥脆便於保存

進食份量：1 片｜共 16 份
每份營養：
蛋白質 3.5 克｜脂肪 14 克
膳食纖維 2 克｜熱量 152 大卡
烹調時間：30 分鐘
保存：密封室溫 3 天，冷藏 7 天
復熱：室溫

無醣麻糬

這道點心使用的椰子花蜜糖屬於低GI值食材，讓代糖的甜味更自然。Q黏軟滑，跟真正的麻糬口感幾乎一樣！

> 淨碳水
> **0.6克**
> （1人份）

食材

洋車前籽殼粉 1 大匙 6 克、水 200 毫升、鮮奶油 1 大匙 13 克、熟黃豆粉 2 小匙 4 克（也可不加）、芝麻花生碎、赤藻糖 1 大匙

代糖糖水：

椰子花蜜糖 2 大匙（也可使用赤藻糖）、水 400 毫升

器具：

微波爐

做法

1. 取一個碗將水加入洋車前籽殼粉、熟黃豆粉，攪拌均勻。
2. 將碗放入微波爐中，以最大強度微波 2 分鐘、拌勻，每 30 秒分段微波，直到材料像冒泡泡一樣。但小心不要一次微波太久，會整個溢出碗外。
3. 將放涼的無醣麻糬使用手沾濕整成圓形，可做 6 個放入代糖糖水中，撒上花生芝麻碎即可享用。

進食份量：1 份｜共 2 份
營養成分：蛋白質 0.7 克｜脂肪 2.5 克
　　　　　　膳食纖維 2.5 克｜熱量 32.7 大卡
　　　　　　（未加椰子花蜜糖）
烹調時間：3 分鐘
保存：冷藏 5 天
復熱：不需復熱

莓果布朗尼

剛開始減醣的時候，好吃又鬆軟的布朗尼是陪伴我度過糖癮的第一名甜點。什麼甜點都比不上熱呼呼又香濃甜郁的布朗尼來得令人滿足！

淨碳水
2克
（1人份）

食材

椰漿（coconut cream） 180 克約 180cc
蛋 1 顆
杏仁粉 4 大匙
椰子細粉 1.5 大匙
赤藻糖 3 ～ 6 大匙
可可粉 3 大匙
泡打粉 1 小匙
室溫莓果 1 大匙

做法

1. 將除了莓果以外的食材打勻，放入 600cc 玻璃微波盒，鋪上莓果加蓋露出縫隙，微波 3 ～ 5 分鐘，直到巧克力香味飄出，中心沒有濕濕生生的感覺。
2. 或是烤箱預熱 180 度，烤 20 分鐘。
3. 也可用蒸的，便當盒需加蓋，電鍋外鍋一杯水。

進食份量：50 克｜共 3 份
營養成分：蛋白質 2 克｜脂肪 12 克
　　　　　　膳食纖維 3 克｜熱量 130 大卡
烹調時間：2 分鐘
保存：冷藏 7 天｜冷凍 2 週
復熱：加蓋微波｜蒸

白木耳柴魚芡汁

原以為減醣飲食就要跟香濃滑順的芡汁料理說掰掰，
但是，看到媽媽煮的白木耳蓮子湯時發現了白木耳滑順的口感，
不就是澱粉芡汁的口感嗎?!還有滿滿的降膽固醇的水溶性纖維。
於是，它成了我思念勾芡料理中，澱粉芡汁最好的替代品！

淨碳水
0.3克
(1人份)

食材

新鮮白木耳 50 克（約半碗）
水 500 至 700 毫升
（依照喜歡的濃稠度，增減水量）
柴魚片少許

做法

將白木耳 50 克（半碗）與水 700 毫升、柴魚少許一同煮滾，放入食物調理機用高速打成羹狀。

進食份量：200 毫升｜共 4 份
營養成分：蛋白質 1.2 克｜脂肪 0.2 克
　　　　　　　膳食纖維 4 克｜熱量 24 大卡
烹調時間：5 分鐘
保存：冷藏 7 天
復熱：加蓋微波｜蒸

Vivian 減醣小心得

白木耳芡汁剛剛打完，會因為有空氣在裡面，呈現許多浮沫，只需冰過一晚，芡汁就會澄清許多。也可冷凍保存，退冰後仍舊濃稠。

白菜干貝三鮮湯

營養又方便保存的湯品是我執行減醣生活的常備料理，
可以作為一人份的午餐，以及讓家人食指大動的晚餐。
這道燜燒罐料理可是10分鐘就能上桌的澎湃湯品！

淨碳水
1克
(1人份)

食材

干貝 1 顆
金華火腿薄片 1 個
雞胸肉 100 克切適口塊
鮮香菇 2 小朵去蒂切片 30 克
山東大白菜 1 片 70 克
薑絲少許
紹興酒 1/2 匙
熱水 350 毫升
鹽少許
初榨橄欖油 1 小匙

器具：
500 毫升燜燒罐

做法

1. 將金華火腿薄片浸泡熱水 10 分鐘後切絲，干貝片成 2 片。
2. 使用油鍋，依序將薑絲、金華火腿絲、鮮香菇、白菜、雞胸肉爆香，再放入紹興酒、水與鹽調味。
3. 煮滾後將干貝片及所有食材倒入已經預熱過的燜燒罐中蓋緊即可。

進食份量：1 份｜共 1 份
營養成分：
蛋白質 26.7 克｜脂肪 8.3 克
膳食纖維 2.5 克｜熱量 199 大卡
烹調時間：10 分鐘
保存：冷藏 5 天｜冷凍 1 週
復熱：加蓋微波｜蒸或煮

豆漿美人湯

適合入湯的豆漿，在傳統早餐店購買，
或是自製豆漿，都可以增添湯頭的美味。
豆漿富含蛋白質與膳食纖維，
還有大豆異黃酮的抗氧化物質，
加上雞湯的鮮甜，讓人越喝越美麗！

淨碳水
8克
(1人份)

食材

三明治火腿 1 片切丁
雞腿肉半碗 70 克切如拇
指大片狀
洋蔥 1/5 顆 40 克
小松菜 2 大株 60 克切段
豆漿 250 毫升
水 100 毫升
初榨橄欖油 1 小匙
鹽少許
黑胡椒少許

器具：
500 毫升燜燒罐

做法

1. 將滾燙熱水放入燜燒罐中預熱，
   再倒出熱水裝湯。
2. 起一油鍋，爆香洋蔥、火腿丁、
   雞肉，放入豆漿與水煮滾，最
   後加入切段的小松菜、鹽與黑
   胡椒調味後，倒入預熱好的燜
   燒罐中。

進食份量：1 份｜共 1 份
營養成分：
蛋白質 24.8 克｜脂肪 13 克
膳食纖維 3.6 克｜熱量 255 大卡
烹調時間：5 分鐘
保存：冷藏 1 天｜冷凍 1 週
復熱：加蓋微波｜蒸或煮

甘薯刈菜雞湯

甘薯與刈菜纖維含量都很高,是減醣好食材。
清甜不苦、冬季限定的刈菜雞湯,暖呼呼地喝下肚,
不僅可以攝取到雞湯的營養,又能補充蔬菜中的膳食纖維。

淨碳水
1克
(1人份)

食材

雞腿肉 70 克切丁
甘薯去皮 1/4 碗 25 克切小塊
刈菜心 50 克切片
香菇 1 朵切片
蛤蜊 2 個
米酒少許
薑 1 小片
水 400 毫升
鹽少許

做法

1. 將滾燙熱水放入燜燒罐中預熱,等到湯煮好,倒出熱水裝湯。
2. 刈菜心汆燙去除苦味後取出瀝乾。
3. 將水放入湯鍋中加熱至滾,加入薑片、米酒與雞腿丁燜煮 3 分鐘後,加入刈菜心、香菇、甘薯煮 2 分鐘,最後放入蛤蜊煮開,用鹽調味,即可倒入燜燒罐中。

進食份量:1 碗｜共 1 份
營養成分:蛋白質 19 克｜脂肪 5.7 克
膳食纖維 5 克｜熱量 141 大卡
烹調時間:10 分鐘
保存:冷藏 2 天｜冷凍 1 週
復熱:加蓋微波｜蒸或煮

生炒花枝羹

酸辣中帶點甜味的花枝加上口感滑順的羹湯，
是我心目中的減醣完美組合。

淨碳水
8克
(1人份)

食材

天然無澱粉芡汁 500 毫升（參見 P.33）
中型花枝 1/3 個（160 克）
小顆洋蔥 1/4 顆切絲
木耳 1 小朵切片
紅蘿蔔片 3 片
蔥 1 根切段
薑少許切末
蒜 3 瓣切末
香菜（可不加）
初榨橄欖油 2 大匙

調味料：
赤藻糖 2/3 大匙
米酒 1 小匙
烏醋少許
白胡椒少許
鹽少許

做法

1. 花枝去膜刻花切片，洋蔥切絲，木耳、紅蘿蔔切片；蔥切段，蒜薑切末備用。
2. 起油鍋，放入薑、蒜、辣椒爆香，再加上洋蔥、紅蘿蔔炒軟，以及木耳、花枝與酒略炒。
3. 加入柴魚白木耳芡汁，撒上調味料即可。

進食份量：1 碗（300ml）/ 共 2 份
營養成分：
蛋白質 15 克｜脂肪 15 克
膳食纖維 3 克｜熱量 275 大卡
烹調時間：10 分鐘
保存：冷藏 1 天｜冷凍一週
復熱：加蓋微波｜蒸

蛤蜊蘑菇濃湯

菇類特有的香氣與水溶性纖維，不需使用麵粉勾芡，
就能創造出奶香十足的西式濃湯口感與香氣。
菇類香濃滑順的質感，是補充水溶性膳食纖維的好方法。
一碗就有9克的膳食纖維，滿足了一天的攝取量。

> 淨碳水
> **4克**
> (1人份)

食材

蘑菇 50 克切片
鮮香菇 1 朵切片
蒜頭 2 瓣切末
鮮奶油 20 毫升
牛奶 100 毫升
起司 1 片切絲
水 100 毫升
蛤蜊 10 顆
巴西利少許
初榨橄欖油 1 小匙
鹽少許
黑胡椒少許

器具：
大馬力調理機

做法

1. 以中小火熱油鍋，加入蒜末煸香，放入
   蛤蜊、酒、水煮至蛤蜊打開，取出蛤蜊
   肉備用。
2. 同一鍋中加入蘑菇、香菇、鮮奶油、牛
   奶煮滾 2 分鐘後，以鹽及黑胡椒調味。
3. 將鍋內所有食材放入調理機中，以最大
   馬力打成濃湯狀，撒上蛤蜊肉與巴西利
   末即可享用。

進食份量： 1 碗｜共 1 份
營養成分：
蛋白質 22 克｜脂肪 16 克
膳食纖維 9 克｜熱量 298 大卡
烹調時間： 10 分鐘
保存： 冷藏 2 天
復熱： 加蓋微波｜蒸

火腿玉米奶油濃湯

執行減醣飲食後,最想念的就是玉米奶油濃湯的濃醇香味!
白花椰菜做成的偽奶油濃湯,加上馬鈴薯丁與玉米粒,
口感濃郁,清爽無負擔,絕對會讓你忍不住一口接一口!

淨碳水
8克
(1人份)

食材

白花椰菜 150 克
香菇 2 朵
洋蔥丁 1 大匙 10 克
熟馬鈴薯 20 公克切小丁
三明治火腿 1 片切丁
玉米粒 2 大匙
起司 1 片切絲
牛奶 200 毫升
奶油 10 公克
水 100 毫升
鹽少許
黑胡椒少許

器具:
大馬力調理機

做法

1. 起熱水一鍋,先燙熟白花椰菜、香菇、洋蔥丁後,取出瀝乾。再加入馬鈴薯小丁、火腿片與玉米粒加蓋煮約 5 分鐘,另放一盤備用。
2. 將鮮奶油、牛奶放入調理機中,加入白花椰菜、香菇與起司片,使用最大馬力打成濃湯,加鹽與胡椒調味,再撒上馬鈴薯小丁、火腿片與玉米粒即可食用。

進食份量:1 碗│共 2 份
營養成分:蛋白質 9 克│脂肪 6.5 克
　　　　　　膳食纖維 3 克│熱量 132.5 大卡
烹調時間:10 分鐘
保存:冷藏 5 天│冷凍 1 週
復熱:加蓋微波│蒸或煮

秋葵酸辣湯

用秋葵煮出的水溶性纖維芡汁，特別適合有酸味的湯料理，
且能帶出勾芡滑潤的口感。
對於堅硬澀口的筍與木耳，最好的處理方式就是勾芡，
伴隨著酸酸辣辣的秋葵芡汁，讓人欲罷不能。

淨碳水
4克
（1人份）

食材

紅蘿蔔絲 20 克、筍絲 20 克、盒裝板豆腐
1/4 塊切絲、黑木耳絲 30 克、豬肉絲半碗
50 公克、蛋 1 顆打散、辣椒 1 條、蔥 1 根
切成蔥白與蔥綠、初榨橄欖油 1 小匙

秋葵芡汁：
秋葵 3 根切丁、水 700 毫升

調味料：
醬油適量 2 小匙、白醋 1 大匙、鹽少許
胡椒粉少許、麻油少許、香菜 1 小撮

做法

1. 使用秋葵丁與水煮出濃稠芡汁，撈出秋
   葵，芡汁備用。
2. 起油鍋，依序爆香蔥粒、肉絲、胡蘿蔔
   絲、筍絲、木耳絲、辣椒片，淋上醬油，
   加入芡汁燜煮，5 分鐘後再把豆腐絲與
   鴨血絲放入湯中煮滾。
3. 加入打散的蛋成為蛋花，灑上白醋、胡
   椒粉、麻油與香菜即可食用。

進食份量：1 碗｜共 2 份
營養成分：蛋白質 10.5 克｜脂肪 10 克
　　　　　　膳食纖維 3 克｜熱量 154 大卡
烹調時間：10 分鐘
保存：冷藏 2 天｜冷凍 1 週
復熱：加蓋微波｜蒸

沙茶醬

外食的醬料通常要平衡鹹味或是辣味，都會加入大量的精緻糖，
或是使用澱粉勾芡，不知不覺地，糖分就過量了！
自己製作醬料其實很容易，使用赤藻糖與好油製作的沙茶醬，
加一點在羹湯或是炒菜裡面，可以增添香味，口感大提升！

淨碳水
0.5克
（1人份）

食材

扁魚 60 克、蝦米 50 克、蝦皮 20 克、紅
蔥頭去膜 60 克、蒜頭去膜 40 克、月桂葉
3 片、花生粉 3 大匙、五香粉 1 小匙、赤
藻糖 1.5 大匙

調味料：
醬油 20cc、初榨酪梨油 400cc

器具：
食物調理機、450 毫升玻璃罐

做法

1. 將扁魚、蝦米、蝦皮泡入熱水 10 分鐘，
   去除雜味及髒汙後瀝乾備用。
2. 將所有食材放入食物調理機中絞碎。
3. 使用不沾鍋，加入所有食材，以小火煸
   炒至食材金黃色，加入醬油即可起鍋，
   放涼裝罐。

進食份量： 1 大匙｜共 40 份
營養成分： 蛋白質 0.9 克｜脂肪 7 克
　　　　　　　膳食纖維 0 克｜熱量 67 大卡
烹調時間： 15 分鐘
保存： 冷藏 30 天｜冷凍 4 週
復熱： 加蓋微波｜蒸

芝麻醬

芝麻含有大量的鈣質，可甜可鹹，
亦可直接當點心吃，或是調製成香濃的芝麻沾醬，
搭配菠菜、小黃瓜，健康又美味。

淨碳水
3克
(1人份)

食材

生鮮芝麻 600 克（烘烤過的芝麻亦可）
赤藻糖 1 大匙
鮮奶油 10 大匙

器具：

大馬力調理機
280 毫升玻璃瓶 2 個

做法

1. 將芝麻放入炒鍋，以中小火炒至香氣溢出後繼續炒 2 分鐘。
2. 將芝麻、赤藻糖放入食物調理機中，使用最大馬力，打至上面有粉、下層出油後停機。使用橡皮刮刀將四周芝麻粉刮入中心，再放入鮮奶油，打至完全滑順，即可裝入玻璃罐中保存。

進食份量： 2 湯匙｜共 30 份
營養成分： 蛋白質 5.7 克｜脂肪 9.8 克
膳食纖維 1.4 克｜熱量 130 大卡
烹調時間： 20 分鐘
保存： 冷藏 14 天
復熱： 不需復熱

花生醬

香香濃濃、甜蜜滑順的低醣花生醬,是
幫助我捱過糖癮與飢餓感發作的秘密武
器。想吃甜食或是肚子餓時,單吃或是
配上莓果都能療癒我的甜點胃。

> 淨碳水
> **3克**
> (1人份)

食材

生鮮花生仁 600 克(使用烘烤過的花生仁亦可)
赤藻糖 5 大匙
鮮奶油 10 大匙

器具:
大馬力調理機
280 毫升玻璃瓶 2 個

做法

1. 將花生放入烘焙烤盤,以 160 度烤 10 ～ 15
   分鐘至表面金黃色、有香氣。
2. 將花生、赤藻糖放入食物調理機中,使用最大
   馬力,打至上面有粉、下層出油。使用橡皮
   刮刀將四周花生粉刮入中心,再放入鮮奶油,
   打至完全滑順即可裝入保存的玻璃罐中。
3. 任何堅果都可如法炮製。

進食份量:2 湯匙│共 30 份
營養成分:蛋白質 5.7 克│脂肪 9.8 克
　　　　　　膳食纖維 1.4 克│熱量 130 大卡
烹調時間:20 分鐘
保存:冷藏 14 天
復熱:不需復熱

油潑辣子醬

自家手作紅油，風味各異，但使用好油以及耐熱的代糖，
對健康有益。不管是拌蒟蒻麵或是涼拌黃瓜、蒜泥白肉，
加上一小匙提味更可口，是嗜辣又想減醣者廚房裡的必備醬料。

淨碳水
0克
(1人份)

食材

香料：

韓式辣椒粉 200 克
花椒粉 1 小匙
肉桂粉 1/2 小匙
乾燥月桂葉
（香葉）3 片揉碎
八角 4 顆
白胡椒 1 小匙
辣豆瓣醬 1 小匙
淡醬油 1 小匙
鹽少許

赤藻糖 1 大匙
白芝麻 2 大匙
初榨芥菜籽油 600 毫升
（或是酪梨油、初榨橄欖油）

器具：

400 毫升玻璃罐 2 個
耐熱的調理皿

做法

1. 使用中小火熱油至筷子下去會
   冒細小的泡泡，就可關火。
2. 將所有香料食材放入調理皿
   中，淋上熱油攪拌均勻，放涼
   後放入玻璃瓶中保存。

進食份量：1 小匙
營養成分：
蛋白質 0 克｜脂肪 5 克
膳食纖維 0 克｜熱量 45 大卡
烹調時間：2 分鐘
保存：冷藏 21 天
復熱：不需復熱

台式豆豉辣椒醬

因為辣味需要由甜味來平衡，
所以我們在外面吃的辣椒醬通常含有大量的糖。
自製的辣椒醬沒有加砂糖，使用好油更健康！
不管是炒牛肉，還是燒雞、燒鵝、燒鴨，
沾上台式豆豉辣椒醬，令人吮指回味。

淨碳水
0克
（1人份）

食材

乾豆豉洗淨晾乾 1/4 碗
辣椒瀝乾 1 碗半使用調理機切末
蒜頭切末 1/4 碗
哈哈辣豆瓣醬 1 大匙
醬油 2 小匙
赤藻糖 1 又 1/2 大匙
初榨芥花油 300 毫升（橄欖油亦可）
香油 1 小匙

容器：
400 毫升玻璃罐

做法

起油鍋加入蒜末、辣椒末、辣豆瓣醬及豆豉爆香至食材水分收乾，最後加入醬油與赤藻糖調味。

進食份量：1 小匙｜共 90 份
營養成分：
蛋白質 0.1 克｜脂肪 5 克
膳食纖維 0 克｜熱量 45 大卡
烹調時間：15 分鐘
保存：冷藏 21 天
復熱：不需復熱

蔓越莓果醬

酸酸的蔓越莓，手作果醬最對味，
只要熬出莓果內天然水溶性纖維，
即果膠，便會自然濃稠。藍莓、草莓也可這樣做。

淨碳水
0克
(1人份)

食材

冷凍蔓越莓 300 克
赤藻糖 60 克
檸檬 1 顆擠汁
果醬瓶 250 毫升 1 個

做法

1. 蔓越莓解凍後，使用湯匙或調理機慢速壓碎。
2. 將壓碎的蔓越莓放入湯鍋中，擠入檸檬汁，與綠色檸檬皮屑少許小火慢慢煮滾，煮至果膠出現，呈現濃稠膠狀，大約需 20 分鐘，最後拌入赤藻糖即可裝瓶。需注意不要過度烹調，果醬會太濃稠。

進食份量：1～2 大匙｜ 25 大匙
營養成分：
蛋白質 0.2 克｜脂肪 0 克
膳食纖維 0.2 克｜熱量 5.2 大卡
烹調時間：30 分鐘
保存：密封冷藏 10 天
復熱：不需復熱

21日抗炎止敏減醣計畫
輪流三週照著吃，飽足瘦身、抗炎止敏不復胖

全家康福減醣餐

- 自製減醣主食每餐3/4碗
  （一般主食一日共1.5碗）
- 主菜1手掌
- 配菜1~2盤
- 湯品1~2碗
- 點心或水果半碗
- 飲料皆240毫升

DAY 1
早：減醣堅果吐司抹自製花生醬2片、黑咖啡1杯
午：滑蛋蝦仁燴飯、椰子花蜜優格
晚：高纖低醣肉燥飯、客家滷蹄膀、銀芽三彩、燙青菜、紫菜蛋花湯

DAY 2
早：（外食）煎餃3～5個、黑咖啡1杯
午：無米海產粥、燙青菜、莓果半碗
晚：高纖低醣肉燥飯、椰奶薑黃咖哩胡椒蝦、清燙花椰菜

DAY 3
早：無米清粥、三味低醣佐粥小菜
午：蝦仁毛豆鹽麴壽司、櫛瓜偽炒麵、莓果布朗尼
晚：香甜豆渣飯、秋刀魚甘露煮、家常炒三絲、尖椒醬白筍、甘藷刈菜雞湯

DAY 4
早：（外食）市售燒餅1/2夾蛋、無糖豆漿1杯
午：甘藷刈菜雞湯、櫻花蝦蘆筍、無醣麻糬
晚：高纖低醣肉燥飯、鹽麴香菇洋蔥蒸鮭魚、銀芽三彩、莧菜湯

DAY 5
早：減醣英式瑪芬佐蔓越莓果醬、炒蛋、紅茶
午：（外食）切仔米粉半碗、黑白切肉類1盤、青菜2盤
晚：紫蘇梅米豆飯糰、日式漢堡排、蛤蜊蘑菇濃湯

DAY 6
早午餐：抗發炎薑黃漢堡麵包夾日式漢堡肉、喜愛的生菜、太陽蛋、黑咖啡一杯
晚餐：五穀飯、上海蔥燉豬腩、雪菜毛豆燒腐皮、家常炒三絲、白菜干貝三鮮湯

DAY 7
早：紅寶石酪梨亞麻仁籽吐司、花草茶
午：高纖香辣麻醬麵、客家韭菜花杏鮑菇炒蛋、椰子花蜜優格
晚：（溫馨外食）享受與家人的相聚

無壓力抗炎止敏減醣餐

● 自製減醣主食每餐1/2碗
　（一般主食每餐1/3碗，一日0.5碗至1碗）
● 主菜1~1.5手掌
● 配菜1~2盤
● 湯品1~2碗
● 點心或水果半碗（取代一餐主食）
● 飲料皆240毫升

DAY 1
早：超商茶葉蛋2顆、黑咖啡1杯
午：（外食自助餐）肉2格、菜3小格、飯半碗、清湯
晚：生炒花枝羹、銀芽三彩、紫菜湯

DAY 2
早餐：（麥當勞）豬肉滿福堡加蛋（麵包只吃一半）、生菜沙拉
午：椰奶薑黃咖哩胡椒蝦、早餐剩下的滿福堡麵包、清燙花椰菜
晚：照燒雞腿排、櫻花蝦玉子燒、鹽麴三蔬

DAY 3
早：抗發炎薑黃漢堡麵包半個、太陽蛋2個、生菜少許
午：香辣崩山豆腐、燙青菜、巴斯克焦香起司蛋糕
晚：高纖低醣肉燥飯、生炒花枝羹、尖椒醬白筍、家常炒三絲

DAY 4
（超商早餐）三角飯糰、無糖豆漿
（小吃攤午餐）黑白切肉1份、燙青菜2盤
晚：豬肉韭菜無麵粉蒸餃、尖椒醬白筍、家常炒三絲、水果半碗

DAY 5
早：香濃杏仁茶佐油條脆片
中：低醣油飯、銀芽三彩
晚：秋刀魚甘露煮、自製雞蛋豆腐、燙青菜、秋葵酸辣湯

DAY 6
早：市售貝果1/4，抹上自製奶油乳酪、莓果半碗、無糖飲品
中：享受外食聚餐好放鬆！主食澱粉吃1碗
晚：香蒸肉藕盒、彩椒紅麴腐乳雞、櫛瓜偽炒麵、酒香松花溏心蛋

DAY 7
早：火腿起司吐司三明治佐熱紅茶
中：蔥燒雞燴飯
晚：紫蘇梅米豆飯糰、鹽麴香菇洋蔥蒸鮭魚、燙2種不同顏色青菜

快速瘦身減醣餐

- 自製減醣主食每餐0~1/3碗
- 主菜1~1.5手掌
- 配菜1~2盤
- 湯品1~2碗
- 點心或水果半碗（取代2餐主食）
- 飲料皆240毫升

DAY 1
早：法式早餐蛋奶派佐黑咖啡
中：生炒花枝羹、莓果布朗尼
晚：瑞典肉丸佐無醣薯泥、敏豆甘薯檸檬溫沙拉

DAY 2

早：莓果燕麥麩皮甜粥、無糖飲料

中：豆漿美人湯、巧克力蔓越梅奶油酥餅

晚：古早味豬排、奶油煎干貝、白菜干貝三鮮湯、燙花椰菜

DAY 3

早：抗發炎薑黃漢堡麵包半片、蔥蛋2個、無糖飲品

中：蛤蜊蘑菇濃湯、超商生菜

晚：蠔油牛肉燴飯、燙青菜

DAY 4

早：超商茶葉蛋、黑咖啡1杯

中：外食黑白切豆腐1盤、肉1盤、青菜1～2盤

晚：無米海產粥、莓果優格

DAY 5

早：皮蛋瘦肉無米粥、無醣肉鬆

中：西班牙巴斯克焦香起司蛋糕、無糖飲料

晚：香蒸肉藕盒、家常炒三絲、櫻花蝦蘆筍

DAY 6

早：法式早餐蛋奶派佐黑咖啡

中：外食聚餐，只吃肉與菜

晚：滑蛋蝦仁燴飯1碗、銀芽三彩、櫛瓜偽炒麵

DAY 7

早：減醣英式瑪芬半個，佐蔓越莓果醬

中：萬用滷包紅燒牛腱、酒香松花溏心蛋、高纖香辣麻醬麵、燙青菜

晚：照燒雞腿排、鹽麴香菇洋蔥蒸鮭魚、泡菜起司包、胡蘿蔔橙汁沙拉

身高體重所需醣分

女性標準體重表

身高 (cm)	美容體重 (kg)	標準體重 (kg)	過重 (kg)	肥胖 (kg)
150	43.2	48.0	52.8	57.6
151	43.7	48.6	53.5	58.3
152	44.3	49.2	54.1	59.0
153	44.8	49.8	54.8	59.8
154	45.4	50.4	55.4	60.5
155	45.9	51.0	56.1	61.2
156	46.4	51.6	56.8	61.9
157	47.0	52.2	57.4	62.6
158	47.5	52.8	58.1	63.4
159	48.1	53.4	58.7	64.1
160	48.6	54.0	59.4	64.8
161	49.1	54.6	60.1	65.5
162	49.7	55.2	60.7	66.2
163	50.2	55.8	61.4	67.0
164	50.8	56.4	62.0	67.7
165	51.3	57.0	62.7	68.4
166	51.8	57.6	63.4	69.1
167	52.4	58.2	64.0	69.8
168	52.9	58.8	64.7	70.6
169	53.5	59.4	65.3	71.3
170	54.0	60.0	66.0	72.0

備註：依據世界衛生組織提供公式。

男性標準體重表

身高 (cm)	標準體重 (kg)	過重 (kg)	肥胖 (kg)
165	59.5	65.5	71.4
166	60.2	66.2	72.2
167	60.9	67.0	73.1
168	61.6	67.8	73.9
169	62.3	68.5	74.8
170	63.0	69.3	75.6
171	63.7	70.1	76.4
172	64.4	70.8	77.3
173	65.1	71.6	78.1
174	65.8	72.4	79.0
175	66.5	73.2	79.8
176	67.2	73.9	80.6
177	67.9	74.7	81.5
178	68.6	75.5	82.3
179	69.3	76.2	83.2
180	70.0	77.0	84.0

備註：依據世界衛生組織提供公式。

過重女性減醣瘦身：醣分、蛋白質、油脂攝取份量表

超過以下體重為過重，本表適合輕度活動量的女姓（上班族、家庭主婦）。

身高 (cm)	過重體重 (kg)	減重所需 熱量 (22 卡 / 每公斤)	減重所需 醣分 (g/ 天)	每日全穀雜糧 主食份量單位 (碗)	全穀雜糧 主食重量 (g)	蛋白質 (g)	豆魚蛋肉 主菜手掌 目測份量	脂質 (g)	烹調用油 (15cc/ 大匙)
150	52.8	1162	58	0.6	127	63.4	3.0	71.5	1.8
151	53.5	1176	59	0.6	129	64.2	3.1	72.5	1.8
152	54.1	1191	60	0.7	132	64.9	3.1	73.4	1.9
153	54.8	1205	60	0.7	134	65.7	3.1	74.4	2.0
154	55.4	1220	61	0.7	137	66.5	3.2	75.3	2.0
155	56.1	1234	62	0.7	139	67.3	3.2	76.2	2.1
156	56.8	1249	62	0.7	141	68.1	3.2	77.2	2.1
157	57.4	1263	63	0.7	144	68.9	3.3	78.1	2.2
158	58.1	1278	64	0.7	146	69.7	2.5	79.0	2.3
159	58.7	1292	65	0.7	149	70.5	2.5	80.0	2.3
160	59.4	1307	65	0.8	151	71.3	2.5	80.9	2.4
161	60.1	1321	66	0.8	154	72.1	2.6	81.9	2.5
162	60.7	1336	67	0.8	156	72.9	2.6	82.8	2.5
163	61.4	1350	68	0.8	158	73.7	2.6	83.7	2.6
164	62.0	1365	68	0.8	161	74.4	2.7	84.7	2.6
165	62.7	1379	69	0.8	163	75.2	2.7	85.6	2.7
166	63.4	1394	70	0.8	166	76.0	2.4	86.6	2.8
167	64.0	1408	70	0.8	168	76.8	2.4	87.5	2.8
168	64.7	1423	71	0.9	170	77.6	2.5	88.4	2.9
169	65.3	1437	72	0.9	173	78.4	2.5	89.4	3.0
170	66.0	1452	73	0.9	175	79.2	2.5	90.3	3.0

備註：

・醣分占總熱量20%。

・主食份量已經扣除了四份蔬菜的醣分，但未包含水果；如果需要水果，請切塊裝滿一碗代換主食。

・蛋白質的重量：（標準體重x1.2）/1000，約占總熱量20%。

・油脂量：已經扣除肉類所含脂肪量。

肥胖女性減醣瘦身：醣分、蛋白質、油脂攝取份量表

超過以下體重為肥胖，本表適合輕度活動量的女姓（上班族、家庭主婦）。

身高 (cm)	肥胖體重 (kg)	減重所需 熱量 (22 卡 / 每公斤)	減重所需 醣分 (g/ 天)	每日全穀 雜糧主食 份量單位 （碗）	全穀雜糧 主食重量 (g)	蛋白質 (g)	豆魚蛋肉 主菜手掌 目測份量	脂質 (g)	烹調用油 （15cc/ 大匙 ）
150	57.6	1267	63	0.7	145	69.1	3.3	78.4	2.2
151	58.3	1283	64	0.7	147	70.0	3.3	79.4	2.3
152	59.0	1299	65	0.7	150	70.8	3.4	80.4	2.4
153	59.8	1315	66	0.8	152	71.7	3.4	81.4	2.4
154	60.5	1331	67	0.8	155	72.6	3.5	82.5	2.5
155	61.2	1346	67	0.8	158	73.4	3.5	83.5	2.6
156	61.9	1362	68	0.8	160	74.3	3.5	84.5	2.6
157	62.6	1378	69	0.8	163	75.2	3.6	85.5	2.7
158	63.4	1394	70	0.8	166	76.0	2.7	86.6	2.8
159	64.1	1410	70	0.8	168	76.9	2.7	87.6	2.8
160	64.8	1426	71	0.9	171	77.8	2.8	88.6	2.9
161	65.5	1441	72	0.9	174	78.6	2.8	89.6	3.0
162	66.2	1457	73	0.9	176	79.5	2.8	90.7	3.0
163	67.0	1473	74	0.9	179	80.4	2.9	91.7	3.1
164	67.7	1489	74	0.9	181	81.2	2.9	92.7	3.2
165	68.4	1505	75	0.9	184	82.1	2.9	93.7	3.2
166	69.1	1521	76	0.9	187	82.9	2.6	94.7	3.3
167	69.8	1536	77	0.9	189	83.8	2.7	95.8	3.4
168	70.6	1552	78	1.0	192	84.7	2.7	96.8	3.5
169	71.3	1568	78	1.0	195	85.5	2.7	97.8	3.5
170	72.0	1584	79	1.0	197	86.4	2.7	98.8	3.6

備註：

· 醣分占總熱量20%。

· 主食份量已經扣除了四份蔬菜的醣分，但未包含水果；如果需要水果，請切塊裝滿一碗代換主食。

· 蛋白質的重量：（標準體重x1.2）/1000，約占總熱量20%。

· 油脂量：已經扣除肉類所含脂肪量。

男性減醣瘦身：醣分、蛋白質、油脂攝取份量表

本表適合中度活動量的男性。

身高 (cm)	標準體重 (kg)	減重所需 熱量 (30 卡 / 每公斤)	減重所需 醣分 (g/ 天)	每日全穀 雜糧主食 份量單位 (碗)	全穀雜糧 主食重量 (g)	蛋白質 (g)	豆魚蛋肉 主菜手掌 目測份量	脂質 (g)	烹調用油 (15cc/ 大匙)
165	59.5	1785	89	1.1	214	71.4	3.4	118.0	4.9
166	60.2	1806	90	1.1	218	72.2	3.4	119.5	5.0
167	60.9	1827	91	1.1	221	73.1	3.5	121.0	5.1
168	61.6	1848	92	1.1	225	73.9	2.6	122.5	5.2
169	62.3	1869	93	1.1	228	74.8	2.7	124.0	5.3
170	63.0	1890	95	1.2	232	75.6	2.7	125.5	5.4
171	63.7	1911	96	1.2	235	76.4	2.7	127.0	5.5
172	64.4	1932	97	1.2	239	77.3	2.8	128.5	5.6
173	65.1	1953	98	1.2	242	78.1	2.8	130.0	5.7
174	65.8	1974	99	1.2	246	79.0	2.8	131.5	5.8
175	66.5	1995	100	1.2	249	79.8	2.9	133.0	5.9
176	67.2	2016	101	1.3	253	80.6	2.6	134.5	6.0
177	67.9	2037	102	1.3	256	81.5	2.6	136.0	6.1
178	68.6	2058	103	1.3	260	82.3	2.6	137.5	6.2
179	69.3	2079	104	1.3	263	83.2	2.6	139.0	6.3
180	70.0	2100	105	1.3	267	84.0	2.7	140.4	6.4

備註：
· 醣分占總熱量20%。
· 主食份量只扣除了四份蔬菜的醣分，如果需要水果就代換掉主食。
· 蛋白質的重量：（標準體重x1.2）/1000，約占總熱量20%。
· 烹調用油份量：已經扣除肉類所含脂肪量。

男性減醣維持健康體重每日所需醣分與主食份量表

本表適合中度活動量的男性。

身高 (cm)	標準體重 (kg)	維持體重所需熱量 (35 卡 / 每公斤)	維持體重所需醣分 (g)	每日主食份量單位 (碗)
165	59.5	2083	156	2.0
166	60.2	2107	158	2.1
167	60.9	2132	160	2.1
168	61.6	2156	162	2.1
169	62.3	2181	164	2.1
170	63.0	2205	165	2.2
171	63.7	2230	167	2.2
172	64.4	2254	169	2.2
173	65.1	2279	171	2.3
174	65.8	2303	173	2.3
175	66.5	2328	175	2.3
176	67.2	2352	176	2.4
177	67.9	2377	178	2.4
178	68.6	2401	180	2.4
179	69.3	2426	182	2.4
180	70.0	2450	184	2.5

無壓力抗炎止敏減醣餐：每日所需熱量、醣分、蛋白質、油脂目測份量表

本表適合族群：希望至少有一餐可方便外食，外食不免有澱粉的小資上班族；
買菜順便買午餐的家庭煮婦；吃到 8 分滿的主食飯類，卻希望能瘦身者。

身高 (cm)	標準體重 (kg)	維持體重所需熱量 (30 卡/每公斤)	維持體重所需醣分 (g)	全穀雜糧主食目測份量 (碗)	全穀雜糧主食重量 (g)	蛋白質 (g)	蛋白質份數(g)	豆魚蛋肉主菜目測大小 (單位：手)	魚&肉主菜大約重量 (g)	脂質 (g)	烹調用油 (大匙)	烹調用油 (cc)
150	48.0	1440	72	0.6	123	57.6	8.2	2.7	288	98.8	3.5	53
151	48.6	1458	73	0.6	126	58.3	8.3	2.8	292	100.1	3.6	54
152	49.2	1476	74	0.6	129	59.0	8.4	2.8	295	101.4	3.7	55
153	49.8	1494	75	0.7	132	59.8	8.5	2.1	299	102.7	3.8	56
154	50.4	1512	76	0.7	135	60.5	8.6	2.2	302	104.0	3.8	58
155	51.0	1530	77	0.7	138	61.2	8.7	2.2	306	105.2	3.9	59
156	51.6	1548	77	0.7	141	61.9	8.8	2.2	310	106.5	4.0	60
157	52.2	1566	78	0.7	144	62.6	8.9	2.2	313	107.8	4.1	62
158	52.8	1584	79	0.7	147	63.4	9.1	2.3	317	109.1	4.2	63
159	53.4	1602	80	0.8	150	64.1	9.2	2.3	320	110.4	4.3	64
160	54.0	1620	81	0.8	153	64.8	9.3	2.3	324	111.6	4.4	65
161	54.6	1638	82	0.8	156	65.5	9.4	2.1	328	112.9	4.4	46
162	55.2	1656	83	0.8	159	66.2	9.5	2.1	331	114.2	4.5	68
163	55.8	1674	84	0.8	162	67.0	9.6	2.1	335	115.5	4.6	69
164	56.4	1692	85	0.8	165	67.7	9.7	2.1	338	116.8	4.7	70
165	57.0	1710	86	0.8	168	68.4	9.8	2.2	342	118.0	4.8	72
166	57.6	1728	86	0.9	171	69.1	9.9	2.2	346	119.3	4.9	73
167	58.2	1746	87	0.9	174	69.8	10.0	2.2	349	120.6	5.0	74
168	58.8	1764	88	0.9	177	70.6	10.1	2.2	353	121.9	5.0	76
169	59.4	1782	89	0.9	180	71.3	10.2	2.3	356	123.2	5.1	77
170	60.0	1800	90	0.9	183	72.0	10.3	2.3	360	124.4	5.2	578
平均	54.0	1620.0	81.0	0.8	153.3	64.8	9.3	2.3	324.0	111.6	4.4	65

備註：

· 醣分占所需總熱量20%。

· 每日主食份量外，還可加上四份蔬菜與半碗水果。

· 蛋白質的重量：（標準體重x1.2）/1000，約占總熱量17%。

· 烹調用油份量：已經扣除肉類所含脂肪量。

· 碗300cc/大匙15cc。

· 以女性輕度活動量標準體重所需熱量為基準。

快速瘦身減醣餐：每日所需熱量、醣分、蛋白質、油脂目測份量表

本表適合族群：有強烈減重動機，或是瘦身停滯期太久，希望能快速瘦身者。

身高 (cm)	美容 體重 (kg)	所需熱量 (30卡/ 每公斤)	所需 醣份 (g)	全穀雜糧 主食目測 份量(碗)	全穀雜糧 主食重量 (g)	蛋白質 (g)	蛋白質 份數(g)	豆魚蛋肉 主菜目測 大小 (單位:手)	魚&肉 主菜大約 重量(g)	脂質 (g)	烹調 用油 (大匙)	烹調 用油 (cc)
150	43.2	1296	65	0.3	66	51.8	7.4	2.5	259	88.6	2.8	42
151	43.7	1312	66	0.3	69	52.5	7.5	2.5	262	89.8	2.9	43
152	44.3	1328	66	0.4	71	53.1	7.6	2.5	266	90.9	3.0	45
153	44.8	1345	67	0.4	74	53.8	7.7	2.6	269	92.1	3.1	46
154	45.4	1361	68	0.4	77	54.4	7.8	2.6	272	93.2	3.1	47
155	45.9	1377	69	0.4	80	55.1	7.9	2.6	275	94.4	3.2	48
156	46.4	1393	70	0.4	82	55.7	8.0	2.7	279	95.5	3.3	49
157	47.0	1409	70	0.4	85	56.4	8.1	2.0	282	96.7	3.4	50
158	47.5	1426	71	0.4	88	57.0	8.1	2.0	285	97.8	3.4	52
159	48.1	1442	72	0.5	90	57.7	8.2	2.1	288	99.0	3.5	53
160	48.6	1458	73	0.5	93	58.3	8.3	2.1	292	100.1	3.6	54
161	49.1	1474	74	0.5	96	59.0	8.4	1.9	295	101.3	3.7	55
162	49.7	1490	75	0.5	98	59.6	8.5	1.9	298	102.4	3.7	56
163	50.2	1507	75	0.5	101	60.3	8.6	1.9	301	103.6	3.8	57
164	50.8	1523	76	0.5	104	60.9	8.7	1.9	305	104.7	3.9	58
165	51.3	1539	77	0.5	107	61.6	8.8	2.0	308	105.9	4.0	60
166	51.8	1555	78	0.5	109	62.2	8.9	2.0	311	107.0	4.1	61
167	52.4	1571	79	0.6	112	62.9	9.0	2.0	314	108.2	4.1	62
168	52.9	1588	79	0.6	115	63.5	9.1	2.0	318	109.3	4.2	63
169	53.5	1604	80	0.6	117	64.2	9.2	2.0	321	110.5	4.3	64
170	54.0	1620	81	0.6	120	64.8	9.3	2.1	324	111.6	4.4	65
平均	48.6	1458.0	72.9	0.5	93.0	58.3	8.3	2.2	291.6	100.1	3.6	53.8

備註：
· 醣分占所需總熱量20%。
· 每日主食份量外，還可加上四份蔬菜與半碗水果或一份減醣甜點。
· 蛋白質的重量：（標準體重x1.2）/1000，約占總熱量17%。
· 烹調用油量：已經扣除肉類所含脂肪量。
· 碗300cc/大匙15cc。
· 以女性美容體重為基準。

全家康福減醣餐：每日所需熱量、醣分、蛋白質、油脂目測份量表

本表適合族群：無飯不歡的澱粉控與標準體重的泡芙人，本來每天都要三碗飯，
但是想從減醣開始，減少肥胖、三高、代謝症候群、過敏、慢性發炎問題者。

身高 (cm)	標準體 重 (kg)	維持體重 所需熱量 (30卡/ 每公斤)	所需 醣分 (g)	全穀雜糧 主食目測 份量 (碗)	全穀雜糧 主食重量 (g)	蛋白質 (g)	蛋白質 份數(g)	豆魚蛋肉 主菜目測 大小 (單位：手)	魚&肉 主菜大約 重量(g)	脂質 (g)	烹調 用油 (大匙)	烹調 用油 (cc)
150	48.0	1440	108	1.1	210	57.6	8.2	2.7	288	82.8	2.4	37
151	48.6	1458	109	1.1	215	58.3	8.3	2.8	292	83.9	2.5	38
152	49.2	1476	111	1.1	219	59.0	8.4	2.8	295	85.0	2.6	39
153	49.8	1494	112	1.1	224	59.8	8.5	2.1	299	86.1	2.7	40
154	50.4	1512	113	1.1	228	60.5	8.6	2.2	302	87.2	2.7	41
155	51.0	1530	115	1.2	233	61.2	8.7	2.2	306	88.2	2.8	42
156	51.6	1548	116	1.2	237	61.9	8.8	2.2	310	89.3	2.9	43
157	52.2	1566	117	1.2	242	62.6	8.9	2.2	313	90.4	2.9	44
158	52.8	1584	119	1.2	246	63.4	9.1	2.3	317	91.5	3.0	45
159	53.4	1602	120	1.3	251	64.1	9.2	2.3	320	92.6	3.1	46
160	54.0	1620	122	1.3	255	64.8	9.3	2.3	324	93.6	3.2	47
161	54.6	1638	123	1.3	260	65.5	9.4	2.1	328	94.7	3.2	48
162	55.2	1656	124	1.3	264	66.2	9.5	2.1	331	95.8	3.3	50
163	55.8	1674	126	1.3	269	67.0	9.6	2.1	335	96.9	3.4	51
164	56.4	1692	127	1.4	273	67.7	9.7	2.1	338	98.0	3.4	52
165	57.0	1710	128	1.4	278	68.4	9.8	2.2	342	99.0	3.5	53
166	57.6	1728	130	1.4	282	69.1	9.9	2.2	346	100.1	3.6	54
167	58.2	1746	131	1.4	287	69.8	10.0	2.2	349	101.2	3.7	55
168	58.8	1764	132	1.5	291	70.6	10.1	2.2	353	102.3	3.7	56
169	59.4	1782	134	1.5	296	71.3	10.2	2.3	356	103.4	3.8	57
170	60.0	1800	135	1.5	300	72.0	10.3	2.3	360	104.4	3.9	58
平均	54.0	1620.0	121.5	1.3	255.0	64.8	9.3	2.3	324.0	93.6	3.2	47.4

備註：

· 醣分占所需總熱量30%。

· 每日主食目測份量外，還可加上四份蔬菜、半碗水果、一份甜點。

· 蛋白質的量：（標準體重x1.2）/1000，約占總熱量17%。

· 蛋白質平均每餐份數與重量：9.3份/每餐3.6份x35=126g。

· 烹調用油份量：已經扣除肉類所含脂肪量。

· 碗300cc/大匙15cc。

· 以女性輕度活度量標準體重所需熱量為基準。

國家圖書館出版品預行編目資料

抗炎止敏、日日瘦身！Vivian的減醣家庭料理 /
邱玟心（Vivian）著. -- 初版. --
臺北市：平裝本，2020.2 面；公分. --
（平裝本叢書；第0500種）(iDO；101)

1.食譜 2.健康飲食 3.減重

ISBN 978-986 98350-6-0 （平裝）

427.1   108023243

平裝本叢書第 0500 種
iDO 101

抗炎止敏、日日瘦身！
Vivian的減醣家庭料理

作　　者—邱玟心
發 行 人—平雲
出版發行—平裝本出版有限公司
　　　　　台北市敦化北路 120 巷 50 號
　　　　　電話◎ 02-27168888
　　　　　郵撥帳號◎ 18999606 號
　　　　　皇冠出版社 (香港) 有限公司
　　　　　香港銅鑼灣道 180 號百樂商業中心
　　　　　19 字樓 1903 室
　　　　　電話◎ 2529-1778　傳真◎ 2527-0904
總 編 輯—許婷婷
責任編輯—張懿祥
美術設計—王瓊瑤
著作完成日期— 2019 年 12 月
初版一刷日期— 2020 年 2 月
初版四刷日期— 2022 年 5 月
法律顧問—王惠光律師
有著作權 · 翻印必究
如有破損或裝訂錯誤，請寄回本社更換
讀者服務傳真專線◎ 02-27150507
電腦編號◎ 415101
ISBN ◎ 978-986-98350-6-0
Printed in Taiwan
本書特價◎新台幣 399 元 / 港幣 133 元

● 皇冠讀樂網：www.crown.com.tw
● 皇冠 Facebook：www.facebook.com/crownbook
● 皇冠 Instagram：www.instagram.com/crownbook1954
● 小王子的編輯夢：crownbook.pixnet.net/blog